博碩文化

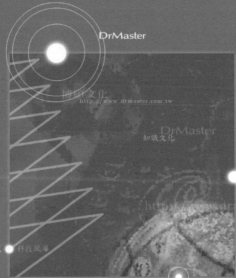

DrMaster

http://www.drmaster.com.tw

知識文化

科技風華

http://www.drmaster.com.tw

深度學習資訊新領域

DrMaster

深度學習資訊新領域

http://www.drmaster.com.tw

博碩文化

元宇宙
METAVERSE

連接虛擬和現實，開啟無限可能性

Kevin Chen（陳 根）著

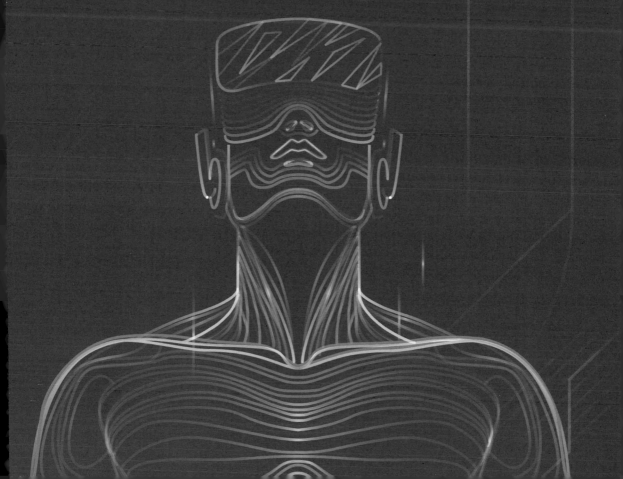

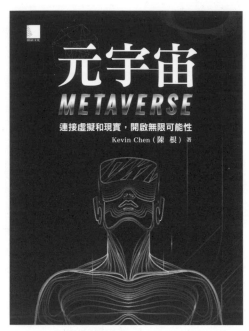

連接虛擬和現實，開啟無限可能性

Kevin Chen（陳根）著

本書如有破損或裝訂錯誤，請寄回本公司更換

作　　　者：Kevin Chen（陳根）

責任編輯：賴彥穎 Kelly

董 事 長：陳來勝

總 編 輯：陳錦輝

出　　　版：博碩文化股份有限公司

地　　　址：221 新北市汐止區新台五路一段 112 號 10 樓 A 棟
　　　　　　電話 (02) 2696-2869　傳真 (02) 2696-2867

郵撥帳號：17484299　戶名：博碩文化股份有限公司

博碩網站：http://www.drmaster.com.tw

讀者服務信箱：dr26962869@gmail.com

訂購服務專線：(02) 2696-2869 分機 238、519

（週一至週五 09:30 ～ 12:00；13:30 ～ 17:00）

版　　　次：2022 年 01 月初版

建議零售價：新台幣 390 元

I S B N：978-986-434-980-7（平裝）

律師顧問：鳴權法律事務所 陳曉鳴 律師

國家圖書館出版品預行編目資料

元宇宙/陳根著. -- 初版. -- 新北市：博碩文化股份有限
公司, 2022.01

　　面；　公分 --

ISBN 978-986-434-980-7(平裝)

1. 虛擬實境

312.8　　　　　　　　　　　　　　110020573

Printed in Taiwan

博 碩 粉 絲 團　歡迎團體訂購，另有優惠，請洽服務專線
　　　　　　　　(02) 2696-2869 分機 238、519

前言

隨著算力持續提升、高速無線通訊網路、雲端計算、區塊鏈、虛擬引擎、VR/AR、數位孿生等技術創新逐漸聚合，Z 世代和千禧一代正以過去人們無法想像的方式在數位世界生活著——更多工作和生活持續數位化，人機交互無限接近甚至超越人與人的交互體驗，海量的數位資產被創造、挖掘、交易和消費。數位經濟效益不斷上升並已佔據主導地位，這也代表著消費者注意力的顛覆性轉移。

在這樣的背景下，基於 Web 3.0 技術的萬物互聯的虛擬實境混同世界雛形正在誕生。在 Web 3.0 的理想世界中，人們不再刻意區分物理性的真實存在和數位化的虛擬存在。更重要的是，人們會希望他們所有的朋友、個人所有物和體驗都能被虛擬連接。這個萬物交互且生生不息的現實虛擬混同世界就是元宇宙。

實際上，早在 1992 年，「元宇宙」這個概念就已經出現於尼爾·斯蒂芬森出版的小說《潰雪》中，主要指物理實境、增強實境和虛擬實境三種模式，在共用的網路空間中相互融合的一種狀態。2018 年電影《一級玩家》更生動地將「元宇宙」具象化。電影中打造了一個「綠洲」場景，玩家可以透過 VR 設備在虛擬世界中自由的探索、娛樂和生活。從《潰雪》到《一級玩家》，「元宇宙」的概念也漸漸清晰，即一個脫胎於現實世界，又與現實世界平行、相互影響，並且始終線上的虛擬世界。

元宇宙真正走進現實則是在 2021 年的 3 月 10 日。沙盒遊戲平台 Roblox 成為第一個將「元宇宙」概念寫進招股書的公司，成功上市紐交所，上市首日市值突破 400 億美元，引爆了科技和資本圈。自此，關於「元宇宙」的概念迅速升溫，引發科技界、資本界、企業界和文化界，甚至政府部門的關注。

值得一提的是，2021 年語境下的「元宇宙」的內涵已經超越了 1992 年《潰雪》所認知的「元宇宙」，此時的元宇宙是吸納了多項數位技術革命的成果，向人類展現出構建與傳統物理世界平行、融合的全息數位世界的可能性，推動了傳統的哲學、社會學，甚至人文科學體系的突破。

此時撰寫本書，旨在從技術角度簡單介紹元宇宙的來由，預測元宇宙的發展。元宇宙串聯了眾多數位技術，是在當前一系列數位技術創新的推動下演變而成，是數位技術發展的總和。算力重構搭建了元宇宙；5G 為元宇宙加強了通信網路的底座；人工智慧成就了元宇宙的「大腦」，擔任著元宇宙未來管理者的角色；數位孿生成為元宇宙從未來伸過來的一根觸角；區塊鏈打造了元宇宙的經濟系統；VR/AR/MR 為代表的虛擬技術則是走向元宇宙的關鍵路徑……元宇宙就是這樣連點成線，連線成面，從科幻走向現實。

我們或許還不能準確描繪出它的景觀，但是從目前已經呈現的前端徵兆和發展趨勢看，走向未來的元宇宙將是物體全面互聯、客體準確表達、人類精確感知、資訊智慧解讀的一個

新時代。我們感受的,將是由資訊交互網路而生成的超大尺度、無限擴張、層級豐富和諧運行的複雜網路系統,呈現在我們面前的將是現實世界與數位世界聚融的全新文明景觀。

未來,元宇宙將連接虛擬和現實,豐富人的感官,提升體驗,延展人的創造力和更多可能。虛擬世界從物理世界的類比、復刻,變成物理世界的延伸和拓展,進而反作用於物理世界,最終模糊虛擬世界和現實世界的界限,成為人類未來生活方式的重要願景。當然,如同任何生命有機體的生長過程一樣,在元宇宙成為主流化現實之前,我們還需要完成很多艱巨的工作,為元宇宙的後續發展佈局做好鋪墊。待技術成熟和內容生態完整之日到來,元宇宙的龐大構想終會實現。待元宇宙真正降臨,人類社會的意義也將全部更新。

陳根

Kevin Chen

目錄

07 元宇宙需要制定憲章

A 寫在最後的思考

B 參考文獻

01
Chapter

元宇宙曙光初現

從 29 年前的科幻小說《潰雪》到 2018 年的電影《一級玩家》，元宇宙還只是科幻作品中的理想世界。人們幻想擁有一個完全虛擬的共用空間，使得人們隨時隨地可以從現實進入虛擬世界，擁有虛擬身份、朋友圈和經濟系統，而這一切都是同步發生的，沒有延遲的。

雖然這些年關於平行世界、虛擬人、雲端遊戲、數位孿生、全真網際網路的討論並不少，但系統性地被提出來，成為一個風口，還是在今年。3 月，Roblox 登陸資本市場，被認為是「元宇宙」行業爆發的標誌性事件。從科幻走進現實，資本聞風而動，打開了元宇宙的大門和人們對網際網路未來展望的視窗。這一切的到來歸功於多項技術的疊加與推動，比如計算技術、5G、數位孿生、VR、區塊鏈、智慧穿戴、雲端計算等。無疑，這些技術的疊加給元宇宙描繪出了一個清晰的輪廓與發展路徑。

1.1 元宇宙從哪開始？

元宇宙（Metaverse）最早出現在科幻小說作家尼爾·斯蒂芬森（Neal Stephenson）1992 年出版的的第三部著作《潰雪》（Snow Crash）中。概念上，Metaverse 一詞由 Meta 和 Verse 組成，Meta 表示超越，Verse 代表宇宙（universe），合起來通常表示「超越宇宙」的概念，即一個平行於現實世界運行的人造空間。

《潰雪》的故事發生在 21 世紀初期的美國洛杉磯。在小說構想的未來世界中，政府將大部分權力給予了私人企業家和組織，國家安全則交付給了雇傭軍隊，企業之間也相互競爭來吸引更多的資源，政府剩餘的權力只是做一些繁瑣的工作，社會的繁榮安定與他們無關。政府的大部分土地被私人瓜分，他們又由此建立了個人領地。這個時候，人們發現了一種名為「潰雪」的藥物，這種藥物實際上是一種電腦病毒，這種病毒不僅能在網路上傳播，還能在現實生活中擴散，造成系統崩潰和頭腦失靈。

在這樣的背景設計下，斯蒂芬森創造出了一個並非以往想像中的網際網路，而是和社會緊密聯繫的三維網際空間——元宇宙。在元宇宙中，現實世界裡地理位置彼此隔絕的人們可以藉由各自的「化身」進行交流娛樂。主角 Hiro Protagonist 的冒險故事便在這基於資訊技術的元宇宙中展開。

《潰雪》第五章中就清晰地描述了 Hiro Protagonist 所在的元宇宙中的場景：

「當然，他（小說主角）看到的並非真人，全都是電腦根據光纖傳輸的資料規格繪出的動態畫面。超元域中的每個人其實都是軟體，名為「化身」，是人們在超元域裡互相交流時使用的聲像綜合體。現在，大街上的阿弘同樣是化身，如果那兩對男女走下單軌列車時朝他這個方向看一眼，他們也能看到他，就像阿弘看到他們一樣，大家還可以湊在一起聊聊。但阿弘本人此時位於洛杉磯的「隨你存」，而這四個姑娘小夥兒可能每人抱著自己的筆記型電腦，正坐在芝加哥市郊的沙發上。不過，他們大概不會同阿弘交談，就像在現實世界裡，這些好孩子絕不想跟一個身佩雙刀、衣著華麗的獨行混血仔搭話一樣。」

小說中，Hiro Protagonist 的工作是為已經控制了美國領土的黑手黨送披薩。在不工作的時候，Hiro Protagonist 就會進入到元宇宙。在這個虛擬實境中，人們表現為自己設計的「化身」，從事世俗的，比如談話、調情，以及非凡的，比如鬥劍、雇傭軍間諜等活動。

像網際網路一樣，元宇宙是一種集體的、互動的努力，總是在進行，並且不受任何一個人的控制。就像在遊戲中一樣，人們居住並控制著在空間中移動的角色。元宇宙的主幹道與世界規則由電腦協會全球多媒體協定組織制定，開發者需要購買土地的開發許可證，之後便可以在自己的街區建構小街巷，修造樓宇、公園以及各種違背現實物理法則的東西。

《潰雪》以後，1999 年的《駭客任務》、2012 年的《刀劍神域》以及 2018 年的《一級玩家》等知名影視作品則把人們對於元宇宙的解讀和想像搬到了大銀幕上。

相較於《潰雪》，《駭客任務》融入了大量哲學元素，比如存在主義、結構主義、宿命論、虛無主義等等。相同的是，《駭客任務》也構建了一個區別於真實世界的「元宇宙」。在《駭客任務》的「元宇宙」中，人類經由插孔接入虛擬神經網路 —— 母體或者矩陣（Matrix），虛擬神經網路可以類比現實，透過電磁信號讓大腦產出現實幻覺，實現對現實人類完完全全的控制，這也是一種從身體到靈魂的絕對控制。

從此，人類的基因存在於電腦人中，思想存在於母體中。母體可以觀察人類的各種活動來實現自我學習，學習的結果則用於母體的升級改造和人工智慧機械的改造。母體經過了 6 次版本升級，最後來到了最關鍵的版本升級，就是讓機械人擁有愛情，以此來觀察人類愛情對於生命進化的意義。這是一次危險的嘗試，有可能會導致母體構建的人工智慧世界的全面自我崩潰。男主角尼歐就是此次升級的候選人。

尼歐藉助了莫菲斯的紅色藥丸力量，從虛擬世界的夢中醒來，發現自己正赤身裸體，身處在一個巨大的機器工廠中的生命胚胎孵養器裡，渾身上下插滿了與虛擬世界相連的插管。正是這些，使得他在虛構世界中生活了二十多年而不自知。尼歐向周圍看去，才發現自己在壯闊的生命基地中。原來自己只是成千上萬蒙昧未醒的魂靈中的一個，恐怖的機械

手在不停地巡視著，生命在創造出來的同時就已經簽約了靈魂的死亡。一場關於真實與虛假的博弈也從這裡開始。

2018 年史蒂芬·史匹柏指導的電影《一級玩家》中，塑造的「綠洲」世界，則更加接近了元宇宙的形態。故事發生在 2045 年，此時處於混亂和崩潰邊緣的現實世界令人失望。一個由鬼才詹姆斯·哈勒一手打造的虛擬宇宙吸引了人們的注意，人們紛紛將救贖的希望寄託於「綠洲」。人們可以在「綠洲」中賽車、冒險，所有在虛擬世界的感官刺激都可以經由體感服或者 VR 設備使現實世界的人產生真實的感官體驗。

這個虛擬世界有繁華的都市和獨立的經濟系統，生活在這裡的人可以成為任何人，做任何事情。即使你在現實中是一個掙扎在社會邊緣的失敗者，縱身一躍，你也可以在「綠洲」裡成為超級英雄。於是，在「綠洲」中，人們可以從千瘡百孔的現實世界「穿向」虛擬世界，將現實中的沮喪與失望通通拋卻，在這個平行於現實世界的「鏡像世界」重拾自我。

從《潰雪》到《駭客任務》，再到《一級玩家》，「元宇宙」的概念也漸漸清晰，這是一個脫胎於現實世界，又與現實世界平行、相互影響，並且始終線上的虛擬世界。

1.2 從「元」到「元宇宙」

▶ 元宇宙之「元」奧義

「元（meta）」源於希臘語前置詞與前綴「μετά」，意即「之後」、「之外」、「之上」、「之間」。當前，這個意思仍然可以在單詞「metaphysics（形而上學）」和「meta-economy（元經濟）」中隱約看到，但這兩種意思在今天已經並不常用。亞里斯多德於西元前 4 世紀創作了《形而上學》，討論了人們在研究物理世界後可能研究的現實的本質。在《變形記（*The Metamorphosis*）》中，「元」是指將形式轉變為一種超越現有形式的新形式。

中文的「元」是古詞，始見於商代甲骨文及商代金文，其古字描繪頭部突出的側立的人形，本義即人頭。頭位居人體最高處，而且功能非常重要，因此引申表示首要的、第一的。「元」也用來表示天地萬物的本源，含有根本的意思。「元」作為頭的用法後來逐漸被「首」取代，「元」在語言使用當中更多的是使用它的引申義。《說文解字》中說：「元，始也，從一從兀」，「惟初太始，道立於一，造分天地，化成萬物」；董仲舒《春秋繁露》曰：「元者為萬物之本」，極為簡明而傳神。

現代的「元」的概念則始於 1920 年大衛·希爾伯特（David Hilbert）提出的元數學。一般來說，元數學是指使用數學技

術來研究數學本身，是一種將數學作為人類意識和文化客體的科學思維或知識。這種自我指涉的意義成為了後來的 meta-anything 的大多數版本的核心。

隨著 Lisp 語言的出現，"meta" 開始具有技術內涵。Lisp 起源於 1958 年，是現今第二悠久而仍廣泛使用的高階程式語言。只有 FORTRAN 程式語言比它更早一年。Lisp 是人工智慧研究中最受歡迎的程式語言，部分原因在於它具有所謂的元程式設計（meta programming）能力 —— 編寫或者操縱其他程式（或者自身）作為它們的資料，或者在運行時完成部分本應在編譯時完成的工作。隨著 Lisp 的流行，不少為 Lisp 程式師設計的鍵盤甚至帶有 Meta 鍵。

Lisp 語言發明十年後，約翰·李利（John Lilly）在《人類生物電腦中的程式設計和元程式設計》中將元程式設計的概念應用於人類，1960 年代的迷幻英雄提摩西•李瑞（Timothy Leary）曾將其稱為「20 世紀最重要的三個思想之一」。約翰·李利提出，我們的環境不斷地「程式化設計」我們。在一種強烈的半人工致幻劑和精神興奮劑（LSD）中的實驗，約翰·李利認為可以允許人們修改我們自己的程式。

1979 年，道格·霍夫施塔特（Douglas Hofstadter）與 Basic Books 合作出版了《哥德爾、埃舍爾、巴赫：集異璧之大成（*Gödel, Escher, Bach: An Eternal Golden Braid*）》，書中借鑒元數學和元程式設計中的早期用法，使用前綴 "meta" 表示自我參照。

流行文化中 "meta" 的含義也自此初步確定：當我們談論某事是「元」時，那是因為我們在自我指涉地談論某事。「元」中的「自我指涉地談論某事」含義使得這個詞成為獨立的形容詞，被用來描述一類自我反思和旁觀自己的行為。

「元」中的「旁觀自己」含義在藝術中被經常使用。舉一個最簡單的例子，一本書中的主角正在寫書或者一部電影中的主角正在拍電影，這種形式就可以被稱為「元」。有些作品非常誇張得使用了「元」這種形式，比如電影《鳥人》就講了一個在電影《鳥人》（同名）中扮演超級英雄的演員嘗試去重啟他在戲劇舞臺的職業生涯，去拍一場更像是電影的戲劇。

關於「元」在流行文化中的用法也可以用一個公式來描述：元 +B= 關於 B 的 B。當我們在某個詞上添加前綴「元」的時候，比如「元認知」就是「關於認知的認知」、「元資料」就是「關於資料的資料」、「元文本」就是「關於文本的文本」，「元宇宙」，也就是「關於宇宙的宇宙」。

🔘 關於宇宙的宇宙

儘管解開了「元」的奧義，知道「元宇宙」就是「關於宇宙的宇宙」，但對於「元宇宙」如何「關於宇宙」，市場對於元宇宙概念看法並不統一。下面列舉了部分產業人士對於元宇宙的理解認知。

◈ Epic Games CEO Tim Sweeney：

元宇宙是我們從未見過的大規模參與式的即時 3D 媒介，在虛擬世界中享受即時的社交互動體驗，同時帶有公平的經濟系統，並且所有創作者都可以參與、賺錢並獲得獎勵。雖然目前有 Fortnite、Minecraft、Roblox 彰顯了部分元宇宙的特徵，但是還遠不及元宇宙。

◈ Roblox CEO Dave Baszucki：

元宇宙包括身份、朋友、沉浸感、低延遲、多元化、隨地、經濟系統和文明 8 個特點。同時未來的元宇宙應該是由用戶創造的，而 Roblox 公司則是工具和技術的提供者。

◈ VC 分析師 Matthew Ball：

元宇宙不僅僅單純作為一個「虛擬空間」、「虛擬經濟」或一個遊戲、應用商店和 UGC 平台，而是一個持久穩定且即時性的，可以容納大量參與者並橫跨虛擬和現實世界的存在，並且擁有閉環經濟系統和資料、資產互通性以及持續生產內容的使用者。

◈ 騰訊 CEO 馬化騰：

全真網際網路是一個從量變到質變的過程，它意味著線上線下的一體化，實體和電子方式的融合。虛擬世界和真實世界的大門已經打開，無論是從虛到實還是由實入虛，都在致力於幫助用戶實現更真實的體驗。從消費網際網路到產業網際網路，應用場景也已打開。通信、社交在視訊化，視訊會

議、直播崛起，遊戲也在雲端化。隨著 VR 等新技術、新的硬體和軟體在各種不同場景的推動，我相信又一場大洗牌即將開始。

◇ 騰訊研究院徐思彥等：

元宇宙是一種持續的能被分享的虛擬空間。 在這個與人類社會平行的虛擬空間裡，人們不僅可以娛樂，還可以進行社交、消費等等，這些行為不需要人親身參與，但又可以和現實互相影響。 在理想的元宇宙中，玩家可以在虛擬空間中完成現實世界的幾乎所有事情。

◇ 米哈游 CEO 蔡浩宇：

希望未來 10 到 30 年內，能夠做出像《駭客任務》、《一級玩家》等電影中那樣的虛擬世界，並能夠讓全球十億人生活在其中。

總結當前產業人士對於元宇宙的理解，不難發現一些關於「元宇宙」理解的共性。即元宇宙的理想形態，是一個擁有極致沉浸體驗、豐富內容生態、超時空的社交體系、虛實交互的經濟系統，能映射現實人類社會文明的超大型數位社區。

◇ 陳根：

所謂的元宇宙就是在多種科技技術的推動下的產物，所產生的是一個虛擬、現實混同的世界，個體與物理世界都將基於技術而變得無處不在與觸手可及。使用宇宙這個概念，是為了表達這個即將到來的虛擬實境混同世界的廣大。因為將虛擬與現實兩個世界進行疊加，在疊加之後所產生的邊界我們目前不得而知，因此我們稱之為元宇宙。

◉ 元宇宙的幾大核心要素

（1）穩定的經濟系統

元宇宙最「科幻」的地方在於，其中可能孕育一個真實的社會經濟體系。現有的遊戲經濟中，許多「玩家」會花時間收集數位資源以在遊戲內或遊戲外出售。這種「勞動」通常是短暫的、重複的，並且僅限於一些應用，但是這種勞動的多樣性和價值將隨著元宇宙自身的發展而增長。正如畫家可以將自己的作品以 NFT 代幣的形式出售並變現，玩家在元宇宙中的虛擬物品、創作成果等也可以轉化為數位資產。一旦數位資產被引入元宇宙，遊戲就不僅是遊戲了。個人和企業能夠進行創造、擁有、投資、出售等行為，並可透過工作創造價值。

元宇宙需要像現實一樣，擁有獨立的經濟系統和獨立的經濟屬性。事實上，元宇宙的核心正在於可信地承載人的資產權益和社交身份。這種對現實世界底層邏輯的複製，讓元宇宙成為了堅實的平台，任何用戶都能參與創造，且勞動成果受到保障。元宇宙的內容是互通的，使用者創造的虛擬資產可以脫離平台束縛而流通。這就使得元宇宙形成與現實生活類似甚至超越的經濟文化繁榮，同時還需要與現實經濟體系形成關聯。

因為真正的元宇宙是一個基於虛擬與現實互通、互動、互換、互融的社會形態與生活方式。

因此，人們在元宇宙的勞動創作、生產、交易和在實際生活中的勞動創作、生產、交易沒有區別。任何人都可以進行創造、交易，並能「工作」而獲得回報，用戶的虛擬權益得到保障。也就是說，當數位資產被引入元宇宙，玩家在元宇宙中的虛擬物品、創作成果等也可以轉化為數位資產。個人和企業能夠進行創造、擁有、投資、出售等行為，並可透過工作創造價值。比如用戶在元宇宙中建造的虛擬房子，不受平台限制能夠輕鬆交易，換成元宇宙或者真實宇宙的其它物品，其價格是由市場決定。

（2）強社交性

提到社交性，就不得不提及馬斯洛理論，社交關係的產生與人生所處的階段緊緊相關。在現實生活中，社交關係從人們出生就已經存在了，並成網狀持續發展。出生後人們便有了社交需要，這種需要不完全是主動的，此階段我們的社交行為的目的更多是為了獲得健康成長、人身安全、教育、經濟收入等基本保障，比如我們和監護人或者啟蒙老師（泛指）的關係；社交欲望則在出現自我意識萌芽的時候開始體現，伴隨著心理年齡的增長，社交欲望驅使我們衍生更多有趣的社交關係。

在網際網路時代沒有到來以前，人們往往只能被限制在一個狹小的社會圈子裡，包括從出生就擁有了穩固的熟人關係——親人；緊接著會出現我們在社會生存和發展過程中的必要連接關係，比如開始接受教育後，與同班同學和老師產生的必要連接；步入職場後，與同組同事產生的必要連接等

等。

網際網路時代的到來使得一種全新的人類社會組織和生存模式悄然走進我們的社會，構建了一個超越地球空間之上的、巨大的群體 —— 網路群體。21 世紀的人類社會正在逐漸浮現出嶄新的形態與特質，網路全球化時代的個人正在聚合為新的社會群體。網際網路的出現讓我們的各種圈子被無限擴張，IG 拉近了普通人與明星、名人之間的距離；Quora 集結了世界上各種新奇問題和解答者；聊咩提供了我們和附近異性建立聯繫的機會。

相較於網際網路，元宇宙將提供更加豐富的線上社交場景。元宇宙能夠寄託人的情感，讓用戶有心理上的歸屬感。使用者可以在元宇宙體驗不同的內容，結交數位世界的好友，創造自己的作品，進行交易、教育、開會等社會活動。

（3）沉浸式體驗

沉浸式體驗與人類的進化具有深刻的聯繫。人類對於沉浸式體驗的嚮往和開發，經歷了一個漫長的歷史過程。早在古希臘時代，柏拉圖等學者就描述了「感官體驗」的特點。尼采在分析「赫拉克利特式世界」時指出：遊戲不是任意的玩耍，而是極為投入的創造，進而能夠內生地形成秩序。遊戲者一方面在全然地投入，另一方面又超越地獲得靜觀，這正是它讓人獲得巨大快感體驗的奧秘。可以說，人類獲得沉浸式體驗的過程，既是一種孜孜不倦的建構和探索歷程，又是一種獲得巨大快感和美感的遊戲過程。

沉浸式體驗隨著生產力的進步而進入高級階段。在工業社會之前，由於科技裝備和消費水準的限制，人們所獲得的沉浸式體驗往往是碎片化、偶然性的，也難以成為人們廣泛追求的消費形態。當人類進入後工業化時代，人們的消費跨越了追求價廉物美、物有所值、充分享受等階段。新型視聽、人工智慧、5G、AR、VR 等技術的應用又提供了實踐的可行性，即藉助於科技裝備和創意設計，把高品質的體驗發展為一種具有高價值的消費形態，這才推動了人們對於體驗消費的大力開發和廣泛追求。

元宇宙的時代並不只是停留在遊戲層面，完美的生活方式將會全面進入虛擬實境混合的時代，進入一種沉浸式，並具有高體驗與遊戲化的生活方式中。

正如美國學者 B. 約瑟夫‧派恩在《體驗經濟時代》中指出的「體驗是人類歷史上的第四種經濟提供物」。農業經濟提供了自然的產品，工業經濟提供了標準化的商品，服務經濟提供了定製的服務，而體驗經濟提供了個性化的體驗。當標準化的產品、商品、服務都開始出現產能過剩的時候，唯有體驗是供不應求的高價值承載物。

像現在，沉浸式體驗的鬼屋、密室逃脫和戲劇等深受年輕人的喜愛，在沉浸式戲劇代表作《不眠之夜》當中，觀眾不再是坐在台下的旁觀者，而是成了真正參與到戲劇之中的一份子。各種探索事件有觀眾去觸發發現，各種道具都是真實的，可以拆開的書信，茶杯可以喝，血跡還是濕的，陰冷的風等等，讓人們真真正正的體驗什麼是沉浸式的體驗。

沉浸式體驗具有大奇觀、超震撼、全體驗、邏輯力的特點。其中，大奇觀整合了新型視聽、人工智慧、高模擬、混合實境、人機互動等先進技術，進入人的肉眼和耳朵無法達到的廣闊領域，包括微觀和宏觀領域，形成超級奇觀效果；超震撼是超越了觀眾在自然界和日常生活中獲得的體驗程度，達到極致化的高強度和寬領域體驗，這種超強度表達本身就是一種難忘的體驗；全體驗以包裹式手段，全方位調動觀眾的視覺、聽覺和觸覺等，從表層的感官體驗到深度的哲理體驗，使之忘我地進入預先設計的情境中；邏輯力則以現代邏輯，包括符號思維、關聯邏輯、多值思維等作為內在的架構，形成一個雖然奇幻卻更為真切，並且能夠自主運行的視聽世界。

元宇宙也應具備對現實世界的替代性，是由主題設計所引導，根據現代邏輯所設計，用智慧手段有效控制，彙聚了多種體驗的高度整合形態。在虛實結合大趨勢下，資訊終端沿著高頻交互、擬真兩條路線發展，基於 VR 和 AR 之上的 XR 設備在擬真度上的突破將給沉浸式體驗帶來質的提升。

（4）豐富的內容

目前，國際上尚未形成統一數位內容的標準，但國內外基本都認定數位內容產業主要包含八大產業：數位遊戲產業，如家用遊戲機遊戲、電腦遊戲、網路遊戲、大型遊戲機遊戲、掌上遊戲機遊戲等；電腦動畫產業，如影視、遊戲、網路等娛樂方面的應用和建築、工業設計等工商業方面的應用；行

動裝置內容產業，如簡訊、鈴聲下載、新聞及其它資料服務；數位影音應用產業，如傳統的電影、電視、音樂的數位化和新的數位音樂、數位電影、數位 KTV、互動的數位節目等；數位學習產業，包括網路遠端教育、教育軟體及各種課程服務等以電腦等終端設備為輔助工具的學習活動；網路服務產業，各種 ICP、ASP、ISP、IDC、MDC 等等；數位出版產業，如數位出版、數位圖書館、各類資料庫等；內容軟體產業，主要是指提供數位內容產業服務所需的應用軟體和平台。

數位內容產業的產生過程告訴我們，數位內容產業要順利發展，沒有高效率的內容傳輸管道和堅固的資訊技術支援是不可能實現的。沒有為這一產業提供數位素材的、與數位內容產業有著諸多產業交叉的那些帶有內容原創性特徵的產業，如教育、娛樂、諮詢、藝術和文化產業等也是不行的。也就是說，如果數位內容產業要完全發揮作用，需要一個產業群的支援。這樣就形成了一個數位內容產業群，這個群包含有從內容產生、內容加工、內容服務、數位傳輸到接受終端整個過程的全部產業，覆蓋面極廣。

而元宇宙要想作為用戶長期生活的虛擬空間，就必須發展內容工具和生態，開放協力廠商介面降低創作門檻，藉助於人工智慧形成自我進化機制，包括高效率的內容傳輸管道和堅固的資訊技術、開放的自由創作以及可持續產生內容的環境等。

1.3 網際網路的終極形態

雖然元宇宙表現為一系列即時且最終相互關聯的線上體驗，但它其實是由一些早就被前端技術和產業人士們所熟知的變革性趨勢賦能和定性的，其中就包括共用社交空間、數位支付和遊戲化等等。而從一個完全的物理世界到與現實世界混合的虛擬世界，再到一個完全虛擬的「元宇宙」，網際網路是其中最大的技術變數——歸根究底，元宇宙代表了第三代網際網路的全部功能，是網際網路絕對進化的最終形態。

網際網路從誕生到商用

1957 年 10 月 4 日，蘇聯發射了第一顆人造地球衛星 Sputnik，拉開了彼時還處於冷戰的美國軍政當局大力研發「互聯」技術的序幕。

艾森豪總統於 1958 年撥款成立了高級研究計畫署（ARPA），其目的就在於集中控制所有高級軍事研究項目，防止各級軍隊內部惡性競爭。接下來幾年裡，隨著 ARPA 的不斷發展，其研究範圍也逐漸擴展。研究領域之一的指令和控制，隨著分時計算系統開始在軍事基地中廣泛採用，人機交互變得越發重要。

1962 年，一位交互理論專家裡克萊德（JCR Licklider）接管控制部門。他對分時交互系統深信不疑，並開始資助大學和生產廠商所屬的電腦研究中心，包括資助道格拉斯·恩格

爾巴特（Douglas Engelbart）領導的斯坦福研究所（最終發明了滑鼠）。在裡克萊德及其繼任者伊凡·蘇澤蘭特（Ivan Sutherland）和鮑勃·泰勒（Bob Taylor）的推動下，ARPA 資助了每一個重要的交互計算開發專案，包括網路專案，目的在於連接各高級研究計畫署網站無法相容的系統，並允許研究人員共用計算能力和資料。

網際網路真正誕生在 1969 年，源於美國國防部高級研究計畫署 DARPA（Defence Advanced Research Projects Agency）的前身 ARPAnet。1969 年 1 月，博爾特（Bolt），貝拉尼克（Beranek）和紐曼（Newman）（BBN，三人名首字母縮寫）受委託開發介面報文處理器，為實施報文封包交換的 ARPAnet 提供基礎。很明顯，應該建立一套標準來管理電腦在介面報文處理器網路中的對話、應用程式的種類及其工作方式。

因此，來自各站要求互聯的學術人員構成了網路工作組（Network Working Group），並依靠「RFC（Request for Comments）」開始建立該標準。在幾輪修改後，學者們最終達成共識。這次討論的第一個成果便是 Telnet 和 FTP（檔案傳輸通訊協定）的誕生，Telnet 支援遠端使用者登錄系統，這就如同他們利用終端直接連接一樣，FTP 則解決了網路中檔案交換問題。更為重要的是，他們開發了網路控制協定（NCP）這一通用系統。該協定身負對稱連接系統的任務，而不僅是連接用戶端／伺服器（C/S）配置。

1969 年 10 月，最先的兩個介面報文處理器成功連接。雖然其中一台電腦立即崩潰，但實踐證明，該理念是可行的。於

是，接下來的兩年裡，更多的系統被連接起來。網路通訊協定最終在 1971 年完成，那個時候，美國已有了 15 個 ARPAnet 節點，連接系統多達 23 個。

1978 年，貝爾實驗室提出了 UNIX 和 UNIX 複製協議（UUCP）。1979 年的新聞群組網路系統就是在 UUCP 的基礎上發展起來的。新聞群組（討論關於某個主題的討論群組）是串聯開發的，提供了一種在世界範圍內交換資訊的新方法。但是，新聞群組不被視為 Internet 的一部分，因為它不共用 TCP/IP 協定，它連接到全世界的 UNIX 系統，並且許多 Internet 網站充分利用新聞群組。可以說，新聞群組是網路世界發展的重要組成部分。

1983 年，當 ARPAnet 採用 TCP/IP 作為其基本協定時，其它網路已開始在 ARPAnet 架構之外提供電子郵件、檔案傳輸及協作服務，有一部分網路屬於商業網，如美國國際商用機器公司（IBM）的系統網路架構（SNA）和美國數位設備公司（DEC）的 Decnet，而另外一些是用於學術研究的，如電腦科學網（CSNet），國際學術網（Bitnet）以及 1984 年成立的英國聯合學術網（Janet）。

其中最引人矚目的是美國國家科學基金會 NSF（National Science Foundation）樹立的 NSFnet。NSF 在全美國樹立了按地域劃分的電腦廣域網路並將這些地域網路和超級電腦中心互聯起來。NSFnet 於 1990 年 6 月徹底取代了 ARPAnet 而成為 Internet 的骨幹，並逐漸擴展到今天的網際網路。可以說，

NSFnet 對網際網路的最大貢獻就是使網際網路對整個社會開放，而不是像以前那樣被電腦研究人員和政府機構使用。

門戶時代的 Web1.0

儘管在現代人看來，沒有網際網路的生活簡直難以想像，但實際上，現代網際網路發展至今也不過 43 年時間。它最為人熟知的面孔——全球資訊網（www），存在時間更是才三十年有餘。

20 世紀 90 年代初，由於一系列基礎設施和應用軟體的發展推動，網路也開始變化。到 1990 年，網際網路已連接了 30 萬台主機和 1000 多個使用 Usenet 標準的新聞群組。編寫 Usenet 的初衷是採用內置的 UUCP 協定來連接 Unix 主機，可 Usenet 最終還是被併入了 TCP/IP。ARPAnet 正式「退休」，只有網際網路在繼續發展。1991 年，全球資訊網（World Wide Web）的發佈更是極大地改變了網際網路的面貌，並推動網際網路進入 1.0 時代。

1994 年，網景公司發佈了歷史上第一款瀏覽器，儘管這款瀏覽器並不如今天五花八門的瀏覽器，有好看的外觀和豐富的功能，但卻真正開創了將資訊展示出來的方法。同年，CSS 創始人發佈了 CSS，讓網頁開始有美化功能，網頁樣式逐漸豐富多彩。也是這一年，W3C 創始人創立了大名鼎鼎的 W3C 理事會，即全球資訊網聯盟。現在，全世界 Web 技術標準都是由該組織來制定。

1995 年，由網景公司發佈的 JavaScript 橫空出世。JavaScript 的出現終於讓瀏覽器有了「智慧」，讓瀏覽器可自行操作。比如，常見的登錄註冊，就可以讓瀏覽器自行判斷使用者輸入的資料是否正確，什麼時候給出錯誤提示，以及將我們填入的資料進行加密保護處理等等。JavaScript 這一年的誕生具有歷史性的意義，因為 JavaScript 的誕生，才讓前端的發展有無限的可能。

1996 年，微軟推出 iframe 標籤，打破了瀏覽器只有同步渲染的模式，頁面不再按順序依次載入渲染，進而實現了非同步載入模式，極大提高網頁打開速度。同年，W3C 召開了第一次會議，推出了第一個 CSS 和 HTML 規範版本。這從根本上解決了混亂無序、層出不窮的版本，讓大家共同制定規範，不再各自為政，極大促進前端往健康方向發展。

網際網路 1.0 時代，從技術角度看，誕生了前端 Web，並且奠定了往後的發展道路。而從商業角度看，網際網路開始從僅僅為某個領域實用，走進社會，為大眾所用。Web1.0 時代是一個群雄並起，逐鹿網路的時代，也是網路對人、單向資訊唯讀的門戶網時代，是以內容為最大特點的網際網路時代。

Web1.0 的本質就是聚合、聯合、搜索，其聚合的物件是巨量、蕪雜的網路資訊，是人們在網頁時代創造的最小的獨立的內容資料，比如部落格中的一篇網誌，Amzon 中的一則讀者評價，Wiki 中的一個條目的修改。小到一句話，大到幾百字，音訊檔、視訊檔，甚至過客使用者的每一次支持或反對的點擊。事實上，在網際網路問世之初，其商業化核心競爭

力就在於對於這些微小內容的有效聚合與使用。Google、百度等有效的搜索聚合工具，一下子把這種原本微不足道的離散的價值聚攏起來，形成一種強大的話語力量和豐富的價值表達。

在 Web1.0 上作出巨大貢獻的公司有 Netscape、Yahoo 和 Google 等等。Netscape 研發出第一個大規模商用的瀏覽器，Yahoo 的楊致遠提出了網際網路黃頁，而 Google 後來居上，推出了大受歡迎的搜索服務。就盈利而言，Web1.0 都基於一個共同點，即巨大的點擊流量無論是早期融資還是後期獲利，依託的都是為數眾多的用戶和點擊率。以點擊率為基礎上市或開展增值服務，受眾群眾的基礎，決定了盈利的水準和速度，充分地體現了網際網路的眼球經濟色彩。

需要指出的是，儘管 Web1.0 已有了盈利的可能，但依然沒有很好的商業模式，產品經理概念沒有流行，產品運營理念還在萌芽。並且，Web1.0 只解決了人對資訊搜索、聚合的需求，而沒有解決人與人之間溝通、互動和參與的需求。Web 1.0 是唯讀的，內容創造者很少，絕大多數使用者只是充當內容的消費者。而且它是靜態的，缺乏交互性，存取速度比較慢，用戶之間的互聯也相當有限。

走向互動的 Web2.0

2004 年 3 月，在歐萊禮媒體公司（O'Reilly Media）公司的一次腦力激盪會議上，Web 2.0 被明確提出。隨後，在歐萊禮媒體公司的極力推動下，全球第一次 Web2.0 大會於 2004 年 10

月在美國舊金山召開。從此，Web2.0 這一概念以不可思議的速度在全球傳播開來。

目前，關於 Web2.0 的較為經典的定義是 Blogger Don 在他的《Web2.0 概念詮釋》一文中提出的：「Craigslist、Linkedin、Tribes、Ryze、Friendster、Del.icio.us、3Things.com 等網站為代表，以部落格、TAG、SNS、RSS、Wiki 等社交軟體的應用為核心，依據六度分隔、xml、ajax 等新理論和技術實現的網際網路新一代模式。Web2.0 是相對 Web1.0 的新的一類網際網路應用的統稱，是一次從核心內容到外部應用的革命。」

如果說 Web1.0 主要解決的是人對於資訊的需求，那麼，Web2.0 主要解決的就是人與人之間溝通、交往、參與、互動的需求。從 Web1.0 到 Web2.0，需求的層次從資訊上升到了人。

雖然 Web 2.0 也強調內容的生產，但是內容生產的主體已經由專業網站擴展為個體，從專業組織的制度化的、組織把關式的生產擴展為更多「自組織」的、隨機的、自我把關式的生產，逐漸呈現去中心化趨勢。個體生產內容的目的，也往往不在於內容本身，而在於以內容為紐帶，為媒介，延伸自己在網路社會中的關係。因此，Web 2 0 使網路不再停留在傳遞資訊的媒體這樣一個角色上，而是使它在成為一種新型社交的方向上走得更遠。這個社交不再是一種「擬態社交」，而是成為與現實生活相互交融的一部分。

部落格是典型的 Web2.0 的代表，部落格是一個易於使用的網站，用戶可以在其中自由發佈資訊、與他人交流以及從事其

他活動。部落格能讓個人在 Web 上表達自己的心聲，獲得志同道合者的回饋並與其交流。部落格的寫作者既是檔案的創作人，也是檔案的管理人。部落格的出現成為網路世界的革命，它極大地降低了建站的技術門檻和資金門檻，使每一個網際網路用戶都能方便快速地建立屬於自己的網上空間，滿足了使用者由單純的資訊接受者向資訊提供者轉變的需要。時下流行的微博，正是從部落格發展而來的。

部落格成功構建了一個 Web2.0 時代的生態系統，包括微觀、中觀與宏觀三個層面。部落格的作者或閱讀者個體，是其微觀層面；某一個個體的部落格平台所吸納的人群是其中觀層面；整個部落格世界則是其宏觀層面。部落格生態系統不是一個簡單的「寫」與「看」的供求關係，甚至也不是一種簡單的「表演」與「觀看」的關係，而是由人們在社會整體生態環境影響下形成的多重需求構成的生態關係。

從部落格作者（部落客）角度看，他們有著自我形象塑造的深層心理動因，有著多種功利性使用訴求，也有著社會報償這樣的外在追求。從部落格受眾角度看，尋找社會歸屬感是其主要心理動因，同時也有著各種外在的功利性目標。部落格傳播者與受眾的訴求相互呼應、相互伺服，這才構成了具有豐富內涵的部落格世界生態景觀。

部落格世界這個宏觀系統，也會產生自己所獨有的文化、社區、習俗、制度乃至機構，它們都不是無源之水，而是對社會這個更大的社會生態系統的相關因素的繼承。同時，部落格生態環境的特殊性，又會賦予它們一些特質，例如相對自

由性、開放性、寬容性與多變性等。它們作用於作為微觀層面的個體，並藉助個體的仲介作用對傳統的社會生態系統產生影響。部落格生態系統三個層面的相互作用，決定了個別部落格的興衰，也決定了整個部落格世界的興衰。更重要的是，這種相互作用，是部落格世界對於社會與文化產生影響的深層機理。

▶ Web3.0 = 元宇宙？

從 Web1.0 到 Web2.0，網際網路讓社會的生活和生產發生了翻天覆地的變化，將人們從一個完全的物理世界帶入到一個現實世界混合的虛擬世界。現在，Web3.0 時代正在到來。如果說，Web1.0 的本質是聚合、聯合、搜索，Web2.0 的本質是互動、參與，那麼，Web3.0 的本質就是進行更深層次的人生參與和生命體驗。

我們或許還不能準確描繪出它的景觀，但是從目前已經呈現的前端徵兆和發展趨勢看，Web3.0 將是物體全面互聯、客體準確表達、人類精確感知、資訊智慧解讀的一個新時代。Web3.0 時代將是一個超級連結時代，一個基於萬物互聯的超連結時代。它將生成一個物質世界與人類社會全方位連接起來的資訊交互網路，我們感受的是由此產生的超大尺度、無限擴張、層級豐富和諧運行的複雜網路系統，呈現在我們面前的將是現實世界與數位世界聚融的全新文明景觀。

如同任何生命有機體的生長過程一樣，網際網路的傳播也在不斷地發展演進之中。這一過程可以理解為從比較簡單的、

低級的向複雜的、高級的層次進化和演進。自 20 世紀 90 年代全球資訊網技術的正式應用至今，網際網路走過了一條「網」與「人」不斷接近、不斷融合、不斷合而為一的道路。從 Web1.0 到 Web3.0，網際網路虛擬世界的模擬程度已經越來越強。如今，網路虛擬生活仍在向真實生活的深度和廣度進行全方位的延伸，進而達到逼真地全面模擬人類生活的程度。

大致來說，Web3.0 將是一個虛擬化程度更高、更自由、更能體現網民個人勞動價值的網路世界，將是一個融合虛擬與物理實體空間所構建出來的第三世界，一個能夠實現如同真實世界那樣的虛擬世界。而 Web3.0 的全部功能所構建的景觀，正是元宇宙所指向的最終形態。歸根結底，元宇宙代表了第三代網際網路的全部功能，是網際網路絕對進化的最終形態，更是未來人類的生活方式。元宇宙連接虛擬和現實，豐富人的感知，提升體驗，延展人的創造力和更多可能。虛擬世界從物理世界的類比、復刻，變成物理世界的延伸和拓展，進而反過來反作用於物理世界，最終模糊虛擬世界和現實世界的界限，是人類未來生活方式的重要願景。

1.4 加速出圈的元宇宙

在一部分人們甚至還沒有弄清楚虛擬實境（VR）、增強實境
（AR）、NFT、雲端計算這些概念時，元宇宙這個囊括了上述元
素、帶著強烈科幻色彩的詞就成了網路討論的熱點。隨著大
廠佈局、資本追捧，「元宇宙」概念已然成為市場最炙手可熱
的名詞。在技術快速發展、遊戲切入賽道、以及疫情推動社
會生活數位化的當下，元宇宙還在加速出圈。

技術快速發展

5G、雲端計算、VR/AR、區塊鏈的 NFT、人工智慧、數位孿生
等技術的快速發展及應用正驅動人類向元宇宙邁進。雲端計
算技術提升推動雲端遊戲進入預熱階段，5G 將彌補傳輸短板
（短板的意思可參考木桶原理）帶動雲端遊戲全面發展，驅動
消費娛樂化的普及程度持續提升，打破時間、地點、終端對
於各類傳媒網際網路服務的限制，人工智慧技術在傳媒網際
網路各個垂直領域的運用將全面賦能傳媒場景，提升資訊生
產及分發的效率。

VR/AR 技術及設備的持續迭代則有望不斷優化用戶的數位化
生活體驗，隨 VR/AR 設備出貨量的持續提升及體驗的持續升
級，基於 VR/AR 的數位化服務將圍繞各類場景不斷滲透，為
用戶帶來顛覆性沉浸式的元宇宙數位生活體驗。事實上，一
個真正沉浸式的平行世界，必然需要 VR 設備的支撐。

但從真正的元宇宙社會而言，我們將進入一個無屏全息，即螢幕無處不在的場景中，將最大程度地脫離 VR 設備的束縛。

29 年前，在網際網路剛剛開啟快速發展模式時，作家尼爾·史蒂文森就在自己的科幻小說《潰雪》中暢想了一個超現實主義的「元宇宙」世界：人們沉浸式生活在數位世界中，以虛擬形象進行交流。但是彼時，元宇宙的核心──VR 卻依舊未突破技術桎梏，受制於晶片技術和加工工藝。

即便是在稱為「VR 元年」的 2016 年，Facebook 這樣的網際網路巨頭在內的諸多企業紛紛入局。根據 CVSource 投中數據，當年中國相關專案的融資事件達 120 起，累計融資額近 25 億元，但 VR 最終還是因缺乏內容支撐，而在世界各地的熱度急轉直下。

然而，2019 年起，隨著網路環境升級（5G 高速網路有效降低時間延遲帶來的眩暈感）、硬體設備不斷成熟（引入菲涅爾透鏡、FastLCD、VR 專用晶片等提升設備清晰度、減輕設備重量、優化視場角及沉浸感等），以及軟體產品優化（開發者更懂得如何針對 VR 終端特點開發遊戲），VR 產品體驗顯著提升。

在此基礎上，受 2020 年初以來的新冠疫情蔓延催化，消費者居家時間延長、娛樂需求提升，VR 再次成為熱門娛樂終端。具有超強沉浸感的新品熱門遊戲《半衰期》的發佈更進一步彰顯了 VR 社交屬性，加速了 VR 產品在終端的推廣。根據 IDC 資料，2020 年全球 VR 出貨量同比增長 2% 達到 555 萬部，是

2017 年出貨量連續下降以來首次重回正增長。其中，美國地區 VR 出貨量同比增長 58% 達到 284 萬部，約占全球的 51%，較 2016 年美國地區 VR 出貨量全球占比大幅提升 23pct，引領全球 VR 需求復甦。

據 IDC 等機構統計，2020 年全球 VR/AR 市場規模約為 900 億元，其中 VR 市場規模 620 億元，AR 市場規模 280 億元。中國信通院預測，全球虛擬（增強）實境產業 2020 至 2024 年的五年年均增長率約為 54%，其中 VR 增速約 45%，AR 增速約 66%。預計 2024 年，二者的市場規模將相近，均達到 2400 億元。

VR 快速升溫，既有疫情的影響，也因為近年來技術瓶頸取得突破，特別是 5G 時代已至，網路傳輸、通信的時間延遲等方面均有較大提升。賽迪智庫將 5G 與 4G 的關鍵性能指標對比後發現，5G 條件下，低延遲將減輕玩家眩暈感，相關主機或將擺脫連接線，甚至直接將算力放到雲端，大幅降低設備的體積和重量。

當然，VR 僅僅只是一方面。作為底層硬體，它能夠為使用者帶來立竿見影的體驗提升。除了 VR 以外，5G、雲端計算及邊緣計算解決了算力限制及資訊傳輸的速率品質，其大規模應用滲透將為用戶提供隨時隨地聯通虛擬世界的支援；基於深度學習的人工智慧提升資料獲取和處理效率，並能夠增強個性化的服務能力及助力內容豐富，能將廣泛的為數位化生活的數據收集處理內容生產提供助力。

在這些技術支持下，人類生活的數位化程度將進一步提升，加速通往元宇宙。

▶ 遊戲切入賽道

作為元宇宙雛形的 Roblox 是一家提供沙盒類遊戲創作和線上遊玩的遊戲平台，於 2021 年 3 月 11 日上市，並且實現強勁的股價表現。其作為第一個將元宇宙寫進招股書的公司，吸引了 4200 萬日活用戶和超過 700 萬名內容創作者。並且，其開發了超過 1800 萬種遊戲體驗，玩家參與時長超過 222 億小時。

據招股書披露，2020 年 Roblox 日活用戶達到 3260 萬人，同比增長 85%。截至 2021Q1 Roblox 日活用戶達到 4200 萬人，同比增長 79%。受疫情隔離政策推動，用戶線上活躍度增加。2020Q1-2021Q1 平台用戶總時長從 48.8 億小時增長至 96.7 億小時，同比增長 98%。單用戶行為方面，2021Q1 同比增長 11%，平均每個日活用戶每日消耗 2.6 小時。2020Q1 以來單日活用戶貢獻時長保持增長趨勢，表明平台用戶粘性持續增加；2021Q1 單用戶季度貢獻流水達到 15.5 美元，疫情以來單用戶貢獻流水增長率由負轉正，新增用戶迅速適應平台並成為成熟用戶。其活躍的開發者生態和使用者生態以及商業模式為市場展現了元宇宙未來的發展潛力，並帶領遊戲行業成功切入元宇宙的賽道。

事實上，遊戲天然就具有虛擬場域以及玩家的虛擬化身。如今，遊戲的功能已經超出了遊戲本身，並在不斷「打破次元」。

2020 年 4 月，美國著名流行歌手 Travis Scott 在吃雞遊戲《要塞英雄》中，以虛擬形象舉辦了一場虛擬演唱會，吸引了全球超過 1200 萬玩家參與其中，打破了娛樂與遊戲的邊界。

疫情期間，加州大學柏克萊分校為了不讓學生因為疫情錯過畢業典禮，在沙盤遊戲《我的世界》裡重建了校園，學生以虛擬化身齊聚一堂完成儀式。全球頂級人工智慧學術會議之一的 ACAI，還把 2020 年的研討會放在了任天堂的《動物森友會》上舉行，打破了學術和遊戲的邊界。

由於無法進行線下聚會，一些家長在《我的世界》或者 Roblox 上為小孩舉辦了生日 Party，而很多人的日常社交也變成了一起在動森島上釣魚、抓蝴蝶、串門，打破了生活和遊戲的邊界。

Gucci 與 Roblox 合作推出了 "The Gucci Garden Experience" 虛擬展覽，用戶在 Roblox 平台中可以欣賞 Gucci 展覽，並有機會選購幾款展出期間限時購買的虛擬單品，打破了商業和遊戲的邊界。

可以看見，市場上已經出現一系列基於遊戲內核的沉浸式場景體驗，隨著娛樂、消費、甚至會議工作等現實行為均能夠轉化為多元化的虛擬體驗。未來，在元宇宙中，虛擬和現實的邊界將不斷被淡化。

▶ 疫情推動社會生活數位化

從社會發展角度看，元宇宙將是屬於下一代人的真實「數位」社會，是當前網際網路與物聯網的進階形態。既然其依託於社會系統的建立，必然與現實世界的發展有著千絲萬縷的關係。在這樣的背景下，疫情的催化以及 Z 世代社交的需求將是短期和長期的催化。前者加速了線上化過程，後者是中長期的需求進化。

一方面，2020 年初席捲全球的新冠疫情仍未得到完全控制。截至 21 年 5 月 17 日，全球累計確診感染人數達 1.6 億、累計死亡人數達 339 萬。即便是在疫情防控常態化的情況下，居家辦公、線上商務依然是一種趨勢。根據騰訊最新 2020 年報顯示，騰訊會議已成為中國最大雲會議獨立 APP，用戶數超 1 億，借力疫情，從默默無聞做到家喻戶曉。

放眼全球，線上化趨勢同樣明顯，且疫情將繼續改變用戶習慣。2020 年，Zoom、Microsoft Teams、Google Meet 等雲通信大放異彩。雖然隨著疫情的好轉，市場關注度略有下降，但遠程辦公並沒有消失。相反，龍頭 Zoom 的付費率和用戶增長大超市場預期，其背後的原因正是遠端辦公在降低辦公成本的同時往往還能提高員工效率。越來越多的企業和個人接受了線上化，生產生活方式在潛移默化中發生了深遠的改變。

過去基於物理實體空間辦公協同的工作方式也因為疫情的到來而從根本上發生了改變。一些企業，尤其是網際網路企業

開始逐漸接受與適應這種基於網際網路所形成的虛擬遠端辦公模式。

除了線上辦公之外，電商、娛樂、醫療等賽道也紛紛線上化。比如網路社區團購、智慧物流配送、生鮮電商。由於疫情期間消費者外出頻次減少，生鮮、食品等超商品項到家業務需求激增，主要生鮮到家平台的活躍使用者規模、日人均使用次數及時長均顯著增加。就盒馬鮮生而言，2020 年 Q1 線上購買對盒馬 GMV 的貢獻占比約 60%，同比去年提升 10%。人們已經越來越多地利用網路滿足其現實生活的要求，而線上化、數位化正是元宇宙的前提條件。

人工智慧、雲端計算的引入，使得線上線下融合更為緊密。不論是 Uber、滴滴司機、亞馬遜的無人配送，還是快遞小哥，在他們按照 APP 指示快速「運轉」的時候，雖然他們還是線上下為中心化的企業服務，但其調度模式等卻越來越線上化、數位化。

疫情縮減了人們的線下活動空間，線上活動迎來增長，用戶網際網路線上時長增加。疫情作為催化劑，迫使人們首次完全從物理世界中脫離，反思現實世界的因與果。對虛擬世界的時間精力投入增加，也在讓人們對虛擬世界的價值認同不斷增強，從文化層面為元宇宙的到來做好了鋪墊。

另一方面，高度發達的網際網路技術帶來了越來越多的數位裝置，智慧手機、平板電腦、智慧手錶，以及智慧感測器的普及所催生的各種數位設備，越來越多地進入人們的生活，

將人們推入一個從未有過的資訊繁盛時代。如今，一個青年人的大腦所接收到的資訊和過去早已不同而語，而觸網年紀，還在不斷幼齡化。00/10 後已經逐漸進入到大眾觀察的視野之中，相比於前一代剛剛邁入「社交時代」，00/10 後已經成為真正在數位全包圍的環境中成長起來的第一代。

以中國為例，Wavemaker 發佈的《數位時代的中國孩童白皮書》顯示，中國當下 6-15 歲的孩童，多達 1.6 億。他們開始使用電腦的平均年齡為 7.8 歲，開始使用智慧手機的平均年齡為 7.3 歲，大部分在 9 歲以前都已接觸各種設備、電子遊戲、社交媒體。可以說，這 1.6 億人口，是中國第一批擁有「數位童年」的群體。當然，這離不開技術的革新。數位技術的普及和推廣讓數位設備在生活中隨處可見。智慧手機的滲透率已經空前飽和，根據中國工信部的資料，中國每百人擁有行動電話的數量達到了 112.2 部，已經超過了人手一部手機的範疇。而這裡面，擁有智慧手機的兒童和青少年，絕不在少數。

同時，Z 時代更傾向於在網路中表達觀點，更在意生活體驗。元宇宙給人類提供的數位生活體驗，是另一種人生的維度，是人的情感、生活方式的拓展，是一種可重啟、可重置、脫離物理世界的生活。在元宇宙中，體驗感、成就感和幸福感都是低成本且不存在資源的壟斷，這對於 Z 時代來說，吸引力無疑是巨大的。

此外，疫情的衝擊、網路平台的崛起還為 Z 世代的生活與職業發展提供了更多可能性。北美仍在疫情衝擊之下，微軟、

LinkedIn、Twitter 等巨頭已感受到員工變動而延長帶薪假期。中國隨著電商、直播的興起，Z 世代自由職業機會凸顯，越來越多的人以全職或兼職拍視頻為職業。在字節跳動 2020 年社會責任報告中，2020 年抖音帶動直接、間接就業機會 3617 萬，並宣佈 2021 年支持中小創作者變現超 800 億元。雖當前距離實現「一級玩家」尚遠，但社會發展變化趨勢卻逐步清晰。

02
Chapter

誰在驅動元宇宙？

元宇宙的終極形態是一系列「連點成線」技術創新的總和。

賈伯斯曾提出一個著名的「項鍊」比喻，iPhone 的出現，串聯了多點觸控螢幕、iOS、高像素攝影鏡頭、大容量電池等單點技術，重新定義了手機，開啟了激蕩十幾年的行動網際網路時代。

iPhone 是智慧手機創世之作，帶來了螢幕觸控；iPhone3GS 開啟了 3G 時代，並加入 App Store 生態；iPhone4s 首發語音助手 Siri，引領了手機語音技術的發展；iPhone5 系列首次採用 touch ID，引領了指紋識別；iPhone6 系列採用了 Face touch 技術，iPhone8 系列中，Face ID 取代 touch id，帶來了全螢幕技術。

真正意義上的元宇宙仍需要更多的技術進步和產業整合，但目前，隨著算力持續提升、VR/AR、區塊鏈、人工智慧、數位孿生等技術創新逐漸聚合，我們已經逐漸接近元宇宙的 iPhone 時刻。

2.1 算力重構：搭建元宇宙

算力是元宇宙最重要的基礎設施。

構成元宇宙的圖像內容、區塊鏈網路、人工智慧技術都離不開算力的支撐。元宇宙並不是網路遊戲，但與遊戲類似的是，元宇宙是一個承載活動的虛擬世界。算力支撐著元宇宙虛擬內容的創作與體驗，更加真實的建模與交互需要更強的算力作為前提。

以算力為支撐的人工智慧技術能夠輔助用戶創作，生成更加豐富真實的內容。依靠算力的工作量證明機制（POW）是目前區塊鏈使用最廣泛的共識機制，算力的護城河保障著數位世界的去中心化價值網路。可以説，算力是通向元宇宙的重要階梯。

▶ 算力是人類智慧的核心

人類文明的發展離不開計算力的進步。在原始人類有了思考後，才產生了最初的計算。從部落社會的結繩計算到農業社會的算盤計算，再到工業時代的電腦計算。

電腦計算也經歷了從上世紀 20 年代的繼電器式電腦，到 40 年代的電子管電腦，再到 60 年代的二極體、三極管、電晶體的電腦。其中，電晶體電腦的計算速度可以達到每秒幾十萬次。積體電路的出現，令計算速度實現了 80 年代，幾百萬次幾千萬次，到現在的幾十億、幾百億、幾千億次。

人體生物研究顯示，人的大腦裡面有六張腦皮，六張腦皮中神經聯繫形成了一個幾何級數，人腦的神經突觸是每秒跳動200次，而大腦神經跳動每秒達到14億億次，這也讓14億億次成為電腦、人工智慧超過人腦的轉折點。可見，人類智慧的進步和人類創造的計算工具的速度有關。從這個意義來講，算力是人類智慧的核心。

過去，算力更多地被認為是一種計算能力，而大資料時代，則賦予了算力新的內涵，包括大資料的技術能力，提供解決問題的指令，系統計算程式的能力。綜合來看，算力可以理解為資料處理能力。以2018年諾貝爾經濟學獎獲得者WillamD.NOrdhaus在《計算過程》一文中對算力進行定義：「算力是設備根據內部狀態的改變，每秒可處理的資訊資料量。」

算力包括四個部分：

- 一是系統平台，用來儲存和運算大資料；
- 二是中樞系統，用來協調資料和業務系統，直接體現著治理能力；
- 三是場景，用來協同跨部門合作的運用；
- 四是資料駕駛艙，直接體現資料治理能力和運用能力。

可見，算力作為大資料運算程式的能力，是多個功能運用所形成環世界的融合與累加。

當我們把這項能力用以解決實際問題時，算力便改變了現有的生產方式，增強了存在者的決策能力和資訊篩選能力。與

此同時，多元化的場景應用和不斷反覆運算的新計算技術，推動計算和算力不再局限於資料中心，開始擴展到雲、網、邊、端全場景。計算開始超脫工具屬性和物理屬性，演進為一種泛在能力，實現新蛻變。

從作用層面上看，伴隨人類對計算需求的不斷升級，計算在單一的物理工具屬性之上，逐漸形成了感知能力、自然語言處理能力、思考和判斷能力。藉助大資料、人工智慧、衛星網、光纖網、物聯網、雲端平台、近地通訊等一系列數位化軟硬體基礎設施，以技術、產品的形態，加速滲透進社會生產生活的各個方面。

小到智慧電腦、智慧手機、平板等電子產品，大到天氣預報、便捷出行、醫療保障、清潔能源等民用領域拓展應用，都離不開計算的賦能支撐。計算已經實現從「舊」到「新」的徹底蛻變，成為人類能力的延伸。

正如美國學者尼葛洛龐帝在《數位化生存》一書的序言中所言「計算，不再只是與電腦有關，它還決定了我們的生存」。算力正日益成為人們社會生活方式的重要因素。

🔘 元宇宙的重要基礎設施

算力是構建元宇宙最重要的基礎設施。構成元宇宙的虛擬內容、區塊鏈網路、人工智慧技術都離不開算力的支撐。

虛擬世界的圖形顯示離不開算力的支援。電腦繪圖是將模型資料按照相應流程，渲染到整個畫面裡面的每一個像素，因

此所需的計算量巨大。當前使用者設備裡顯示出來的 3D 的畫面通常是通過多邊形組合出來的，無論是應用場景的互動，玩家的各種遊戲，還是精細的 3D 模型，裡面的模型大部分都是通過多邊形建模（Polygon Modeling）創建出來的。

這些人物在畫面裡面的移動、動作，乃至根據光線發生的變化，則是透過電腦根據圖形學的各種計算，即時渲染出來的。這個渲染過程需要經過頂點處理、像素處理、柵格化、片段處理以及像素操作這 5 個步驟，而每一個步驟都離不開算力的支持。

算力支撐著元宇宙虛擬內容的創作與體驗，更加真實的建模與交互需要更強的算力作為前提。遊戲創作與顯卡發展的飛輪效應，為元宇宙構成了軟硬體基礎。從遊戲產業來看，每一次重大的飛躍，都源於計算能力和視頻處理技術的更新與進步。

遊戲 3A 大作往往以高品質的畫面作為核心賣點，充分利用甚至壓榨顯卡的性能，形成「顯卡危機」的遊戲高品質畫面。遊戲消費者在追求高畫質高體驗的同時，也會追求強算力的設備，從而形成遊戲與顯卡發展的飛輪效應，這在極品飛車等大作中已有出現。

以算力為支撐的人工智慧技術將輔助用戶創作，生成更加豐富真實的內容。構建元宇宙最大的挑戰之一是如何創建足夠的高品質內容，專業創作的成本高的驚人。3A 大作往往需要幾百人的團隊數年的投入，而 UGC 平台也會面臨品質難以保

證的困難。為此，內容創作的下一個重大發展將是轉向人工智慧輔助人類創作。

雖然今天只有少數人可以成為創作者，但這種人工智慧補充模型將使內容創作完全民主化。在人工智慧的幫助下，每個人都可以成為創作者，這些工具可以將高級指令轉換為生產結果，完成眾所周知的編碼、繪圖、動畫等繁重工作。除創作階段外，在元宇宙內部也會有 NPC 參與社交活動。這些NPC 會有自己的溝通決策能力，從而進一步豐富數位世界。

依靠算力的 POW 則是目前區塊鏈使用最廣泛的共識機制，去中心化的價值網路需要算力保障。POW 機制是工作量證明機制，即記帳權爭奪（也是通證經濟激勵的爭奪）是通過算力付出的競爭來決定勝負準則。從經濟角度看，這也是浪費最小的情況。為了維護網路的可信與安全，需要監管和懲戒作惡節點、防止 51% 攻擊等等，這些都是在 POW 共識機制的約束下進行。

推動算力發展

元宇宙對算力提出了極高的要求，儘管算力作為元宇宙最重要的基礎設施，已經極大地改變了社會面貌。需要指出的是，當前的算力架構依然無法滿足元宇宙對於低門檻高體驗的需求。但是，邊緣計算、量子計算和晶片架構的發展，將能夠推動算力發展，為元宇宙發展掃清障礙。

（一）邊緣計算

通常，在海量的資料中，既包括一次性的資料，又包括有價值的資料，資料種類雜亂無章。想要對資料進行梳理和篩選，就離不開電腦運算。在本地電腦算力成本等限制下，越來越多的應用依賴著雲端計算，因而對於雲端計算算力的需求也在逐步加大。當然，雲端計算在提供服務的同時，算力系統的優化也在同步進行中。

然而，雲端計算雖強大，卻也存在其局限性。一般而言，當對資料進行處理時，若只通過雲端計算來進行資料處理，則不可避免導致資料處理的拖遲情況。從整個流程來看，所有資料先通過網路全部傳輸到中心機房。隨後，透過雲端計算進行處理，待處理完成後，再將結果傳輸到相應位置。而對於這樣資料處理會有兩個較為突出的問題。

一是算力的時效性。資料回饋會出現延遲，海量資料傳輸是這個問題形成的主要原因，資料在有限的頻寬資源中傳輸會出現阻塞的情況，進而使得回應時間加長。二是算力的有效性。所有資料都會傳輸到中心機房，但其中部分資料是沒有使用價值的，但因為缺少預處理的過程，這些資料會導致雲端計算算力的浪費。

「中心－邊緣－端」的運作模式適時解救了雲端計算的困窘，並在電信網時代的到了充分的應用，也在一定程度上保證整個網路有序且有效的運作。其中，中心指的是程式控制交換中心，邊緣是程式控制交換機，而電話則是終端。

網際網路時代，「中心－邊緣－端」模式得以延續。「資料中心－CDN－行動電話/PC」是其在網際網路時代的應用。其中CDN（Content Delivery Network，內容分發網路）的設計是為了儘量避免網路擁擠的情況，為客戶就近提供所需內容，達到提高使用者訪問網站的回應速度的目的。這種邊緣化的設計能使得線上內容的分發或傳輸得到優化，進而提高網路效率和使用者體驗。

然而，傳統CDN也存在局限性。傳統CDN注重快取，這顯然不能滿足雲端計算＋物聯網時代。在雲端計算＋物聯網時代，資料大量爆發，所需要傳輸的資料將會以幾何形式增加，對於整個網路的承載將會是一個極大的考驗。

從傳統CDN的運作模式來看，終端所產生的資料將需要回溯到中心雲進行處理，在海量資料傳輸的情況下，將會出現使用成本和技術實現這兩個較為突出的問題。從使用成本來看，傳統CDN使用費率上一直居高不下，其中最主要的原因是資費收取不夠靈活，無法實現按需收取，而技術問題則表現在頻寬上。以行動網為例，傳統CDN系統一般部署在省級IDC機房，而非行動網路內部。因而，資料需要通過較長的傳輸路徑才能到達資料中心。

顯然，傳統CDN已不能滿足雲端計算＋物聯網時代日益增加海量資料的儲存、計算及交互需求的需求。為提升資料處理的時效性與有效性，邊緣計算應運而生。這個「邊」就代表了邊緣的節點，邊緣計算顧名思義，指在靠近端或資料來源頭的，為中心平台就近提供端的計算服務。邊緣計算的理念

和章魚有些類似，這裡的「節點」可以理解為章魚的觸角，屬於分散式運算的一種。

在更靠近終端的網路邊緣上提供服務是邊緣計算最大的特點。對於這樣的設計，能滿足各行業在數位化上敏捷聯接、即時業務、資料優化、應用智慧、安全與隱私保護等方面的關鍵需求。其所具備的優勢對智慧化具有促進作用，串聯起物理和數位兩個世界。

作為繼分散式運算、網格計算、雲端計算之後的又一新型計算模型，邊緣計算是以雲端計算為核心，以現代通信網路為途徑，以海量智慧終端機為前端，集雲、網、端、智四位一體的新型計算模型。可以說，邊緣計算是解決未來數位化難題的重要路徑。

當然，對邊緣計算的接納與開發也需要經歷一個漫長的過程。美國容錯技術有限公司首席技術官 John Vicente 將邊緣計算的成熟度分為四個等級，從 1.0 的孤立的靜態系統到 4.0 的無形的自我調整、自管理系統。

邊緣計算 1.0 是關於如何安全、管理和連接機器和設備以啟用數位邊緣。這個階段只具備在數位世界中成功實現業務運營所需要的基本能力。

在 2.0 階段，邊緣計算將開始採用開放的、軟體定義的技術。軟體定義技術是指從底層電腦硬體中提取出各項功能，並使這些功能能夠在軟體中執行。

比如，藉助軟體定義網路（SDN）技術，企業從集中控制平台上修改包括路由表，配置和策略在內的各種屬性，而不必逐一修改各交換機的屬性，從而更輕鬆地管理網路。同樣，軟體定義的技術也促成了基於雲技術的安全服務的實現，使企業無需自己擁有運行防火牆和入侵偵測／防護系統等。

邊緣計算 3.0 階段，IT 和 OT 將實現真正的融合，具備了一系列彈性和即時能力。如今，仍然有很多 IT 未觸達的工業領域。例如，工廠需要機械控制系統來執行確定性行為，並保障安全性。這些控制系統誕生於操作技術領域，而不是信息技術產業。

落實邊緣計算 3.0 的功能是成功邁向邊緣計算 4.0 轉變的必要條件。在邊緣計算 4.0 階段，IT 和 OT 基礎設施和運營將與人工智慧（AI）相融合，一個自管理、自愈和自動化的工業領域即將誕生。一旦機器出現問題，AI 系統就能進行診斷並進行修復——無需人工干預。

邊緣計算是提升算力的必然趨勢，邊緣計值可以為所有設備提供高品質的互動式體驗，從而增加人們在元宇宙的體驗感，為算力支撐元宇宙保駕護航。

（二）從 GPU 到 DPU

很長一段時間以來，算力的天下都由中央處理器（CPU）和圖形處理單元（GPU）平分。也是因為 CPU 和 GPU 為龐大的新超大規模資料中心提供了的動力，才使得計算得以擺脫 PC 和伺服器的繁瑣局限。

自 1950 年代以來，中央處理器（CPU）就一直是每台電腦或智慧設備的核心，是大多數電腦中唯一的可程式設計元件。並且，CPU 誕生後，工程師也一直沒放棄讓 CPU 以消耗最少的能源實現最快的計算速度的努力。即便如此，人們還是發現 CPU 做圖形計算太慢，在這樣的背景下，圖形處理單元（GPU）應運而生。

輝達提出了 GPU 的概念，將 GPU 提升到了一個單獨的計算單元的地位。GPU 是在緩衝區中快速操作和修改記憶體的專用電路，因為可以加速圖片的創建和渲染，所以得以在嵌入式系統、行動設備、個人電腦以及工作站等設備上廣泛應用。1990 年代以來，GPU 則逐漸成為了計算的中心。

事實上，最初的 GPU 還只是用來做功能強大的即時圖形處理。後來，憑藉其優秀的平行處理能力，GPU 已經成為各種加速計算任務的理想選擇。隨著機器學習和大資料的發展，很多公司都會使用 GPU 加速訓練任務的執行，這也是今天資料中心中比較常見的實例。

相較於 CPU，大多數的 CPU 不僅期望在盡可能短的時間內更快地完成任務以降低系統的延遲，還需要在不同任務之間快速切換保證即時性。正是因為這樣的需求，CPU 往往都會串列地執行任務。GPU 的設計則與 CPU 完全不同，它期望提高系統的輸送量，在同一時間竭盡全力處理更多的任務。

設計理念上的差異也最終反映到了 CPU 和 GPU 的核心數量上，GPU 往往具有更多的核心數量。當然，CPU 和 GPU 的差

異也很好地形成了互補，其組合搭配在過去的幾十年裡，也為龐大的新超大規模資料中心提供了的動力，使得計算得以擺脫 PC 和伺服器的繁瑣局限。

近幾年，因為系統中的 CPU 承受越來越多的網路和儲存工作負載，已有的通用 CPU 和 GPU 開始不能完全滿足快速變化的應用需求。據 IDC 統計，近 10 年來全球算力增長明顯滯後於資料的增長。每 3.5 個月全球算力的需求就會翻一倍，遠遠超過了當前算力的增長速度。

在此驅動下，全球計算、儲存和網路基礎設施也在發生根本轉變。一些複雜的工作負載，在通用的 CPU 上不能很好地處理。或者説，以 CPU 為中心的資料中心架構已經不能滿足需求，因為只有以資料為中心才能更好滿足市場和應用需求。

輝達網路事業部亞太區市場開發高級總監宋慶春此前就表示：「以前計算規模和資料量沒那麼大，范紐曼型架構很好地解決了提高計算性能的問題。隨著資料量越來越大，以及 AI 技術的發展，傳統的計算模型會造成網路擁塞，繼續提升資料中心的性能面臨挑戰。」

資料處理單元（DPU）的出現或將解決這一困境。作為最新發展起來的專用處理器的一個大類，DPU 為高頻寬、低延遲、資料密集的計算場景提供計算引擎。當前，DPU 已成為以資料為中心的加速計算模型的三大支柱之一，其還將成為 CPU 的卸載引擎，釋放 CPU 算力到上層。

按照技術出現的時間順序和特點，DPU 的發展又可以分為三個階段：

- 第一階段即智慧設備階段，這一階段也可以稱為 DPU 的史前時代。在這一階段，解決節點間流量問題的最簡單的方式是增加網卡的處理能力，通過在網卡上面引入 SoC 或者 FPGA 的方式加速某些特定流量應用，從而加強網路的可靠性，降低網路延遲，提升網路性能。

  其中，Xilinx 和 Mellanox 在這個領域進行的比較早，可惜由於戰略能力不足，錯失了進一步發展的機會，逐漸被 DPU 取代，最終被淘汰。其中 Mellanox 被 Nvidia 收購，Xilinx 被 AMD 拿下。智慧網卡成為 DPU 的應用產品而存在。

- 第二階段是資料處理晶片階段，這個階段也是資料晶片真正開始被重視的階段。最開始由 Fungible 在 2019 年提出，但沒有引起太多反響。輝達將收購來的 Mellanox 重新包裝之後，2020 年 10 月又重新定義了 DPU 這個概念，這一次的重新定義使得 DPU 這個概念一炮而紅。

  具體來看，DPU 被定義為一種新型可程式設計處理器，集三個關鍵要素於一身，包括：行業標準的、高性能及軟體可程式設計的多核 CPU，通常基於已應用廣泛的 Arm 架構，與其的 SOC 組件密切配合；高性能網路介面，能以線速或網路中的可用速度解析、處理資料，並高效地將資料傳輸到 GPU 和 CPU；以及各種靈活和可程式設計的加速引擎，可以卸載 AI、機器學習、安全、電信和儲存等應用，並提升性能。

- 第三階段則是基礎設施晶片階段。第三階段的方案由 Intel 提出，變成了 FPGA+Xeon-D 的模式，通過 PCB 版的方式放在一個智慧網卡上。不難發現，Intel 將 IPU 定位成 host CPU 上面一個「外掛」的小 CPU。並且，未來這個「外掛」CPU 和 FPGA 會封裝到一個晶片中，形成一個通過 PCIe 匯流排互聯的兩個 CPU 系統。

當然，無論處於哪個階段，所有這些 DPU 功能對於實現安全的、裸性能的、原生雲端計算的下一代雲上大規模計算都具有重要意義。正如輝達首席執行官黃仁勳此前在演講中表示，「它將成為未來計算的三大支柱之一」，「CPU 用於通用計算，GPU 用於加速計算，而資料中心中傳輸資料的 DPU 則進行資料處理」。

一方面，GPU 更安全。因為控制平面可以在系統內和系統集群之間與資料平面分離，DPU 還可以執行原本需要 CPU 處理的網路、儲存和安全等任務。這就意味著如果在資料中心中採用了 DPU，那麼 CPU 的不少運算能力可以被釋放出來，去執行廣泛的企業應用。

另一方面，DPU 還釋放了伺服器的容量，以便它們可以恢復到應用程式計算。在一些具有大量 I/O 和沉重虛擬化的系統上內核成本縮減一半，因此輸送量提高了 2 倍。除了內核的成本，還要計算整個機器的成本，包括其記憶體和 I/O 以及所釋放的工作量。

此外，DPU 豐富的、靈活和可程式設計的加速引擎可減輕和改善 AI 和機器學習應用的性能。所有的這些 DPU 功能對於實現隔離的裸機雲原生計算至關重要，可以預見，從 CPU、GPU 再到 DPU 的一體的架構將會讓管理程式、調度程式都會變得更加容易。從邊緣到核心資料中心，統一架構、統一管理、統一調度或將在不久之後得以實現。

（三）量子計算

量子計算的發展也將進一步變革算力。

通常來説，量子計算是一種遵循量子力學規律調控量子資訊單元進行計算的新型計算模式，它與現有計算模式完全不同。

在理解量子計算的概念時，通常將它與經典計算相比較。在經典電腦中，資訊的基本單位是位元（Bit）。所有這些電腦所做的事情都可以被分解成 0s 和 1s 的模式，以及 0s 和 1s 的簡單操作。

與傳統電腦由比特構成的方式類似，量子電腦由量子比特（quantum bits）或量子位元（qubits）構成，一個量子比特對應一個狀態（state）。但是，比特的狀態是一個數位（0 或 1），而量子比特的狀態是一個向量。更具體地説，量子位元的狀態是二維向量空間中的向量，這個向量空間稱為狀態空間。

經典計算使用二進位的數位電子方式進行運算，而二進位總是處於 0 或 1 的確定狀態。於是，量子計算藉助量子力學的

疊加特性，能夠實現計算狀態的疊加。即不僅包含 0 和 1，還包含 0 和 1 同時存在的疊加態（superposition）。

普通電腦中的 2 位元暫存器一次只能儲存一個二進位數字（00、01、10、11 中的一個），而量子電腦中的 2 位元量子比特暫存器可以同時保持所有 4 個狀態的疊加。當量子比特的數量為 n 個時，量子處理器對 n 個量子位元執行一個操作就相當於對經典位元執行 2n 個操作。

此外，加上量子糾纏的特性，量子電腦相較於當前使用最強演算法的經典電腦，理論上將在一些具體問題上有更快的處理速度和更強的處理能力。

近年來，量子計算技術與產業呈現加速發展態勢，而有關量子計算技術的突破多與三個因素有關，即量子比特能夠維持量子態的時間長度、量子系統中連接在一起的量子比特的數量和對量子系統出錯的把握。

量子比特能夠維持量子態的時間長度，被稱為量子比特相干時間。其維持「疊加態」（量子比特同時代表 1 和 0）時間越長，它能夠處理的程式步驟就越多，因而可以進行的計算就越複雜。其中，IBM 率先將量子技術引入實用計算系統，將量子比特相干時間提高到了 100 微秒。而當量子比特相干時間達到毫秒級時，將足以支持一台能夠解決當今「經典」機器解決不了的問題的電腦。

從量子系統中連接在一起的量子比特的數量突破來看，2019年10月，Google 公司在《Nature》期刊上宣佈了使用 54 個量子位元處理器 Sycamore，實現了量子優越性。具體來說，Sycamore 能夠在 200 秒內完成規定操作，而相同的運算量在當今世界最大的超級電腦 Summit 上則需要 1 萬年才能完成。這項工作是人類歷史上首次在實驗環境中驗證了量子優越性，也被《Nature》認為在量子計算的歷史上具有里程碑意義。

一年後，中國團隊宣佈量子電腦「九章」問世，挑戰了Google 量子的優越性，實現算力全球領先。「九章」作為一台76 個光子 100 個模式的量子電腦，其處理「高斯玻色取樣」的速度比目前最快的超級電腦「富岳」快一百萬億倍。史上第一次，一台利用光子構建的量子電腦的表現超越了運算速度最快的經典超級電腦。

量子力學是物理學中研究亞原子粒子行為的一個分支，而運用神秘的量子力學的量子電腦，超越了經典牛頓物理學極限的特性，為實現計算能力的指數級增長提供了實現的可能。

比如，針對人工智慧產生的量子演算法潛在應用就包括量子神經網路、自然語言處理、交通優化和影像處理等。其中，量子神經網路作為量子科學、資訊科學和認知科學多個學科交叉形成的研究領域，可以利用量子計算的強大算力，提升神經計算的資訊處理能力。

在自然語言處理上，2020 年 4 月，劍橋量子計算公司宣佈在量子電腦上執行的自然語言處理測試獲得成功。這是全球範圍內量子自然語言處理應用獲得的首次成功驗證。研究人員利用自然語言的「本徵量子」結構將帶有語法的語句轉譯為量子線路，在量子電腦上實現程式處理的過程，並得到語句中問題的解答。而利用量子計算，將有望實現自然語言處理在「語義感知」方面的進一步突破。

時代在變化，算力構築了元宇宙技術體系的底層邏輯，其對人和世界的影響已經嵌入到社會生活的各個方面。算力打造的元宇宙未來將是一個人人都能從中獲益的時代，是一個跟過去完全不同的時代。立足算力，發展算力，已經勢在必行。

算力隨著技術的發展，將會從過去中心化的機房運算模式分化為前端設備、邊緣計算、雲端計算等多維度的即時運算處理方式。

2.2 5G：雲宇宙的網路底座

縱觀通信發展史，傳輸速率的提升一直是主旋律。元宇宙的海量即時資訊交互和沉浸式體驗的實現需要通信技術和計算能力的持續提升作為基礎，從而實現用戶對於低延時感和高擬真度的體驗，而這顯然是 4G 時代時代難以企及的高度。

5G 時代的到來卻為應用創新提供了極具生命力的土壤。現在，隨著 5G 帶來的傳輸速率提升、時延減少以及連接數提升等通信能力升級，元宇宙網路層面的基礎正不斷加強著。

5G 蔚然成風

實際上，早在 2015 年 6 月，ITU 在 ITU-R WP5D 的第 22 次會議上就已正式提出第五代行動通信系統（5G）的概念。5G 不僅在使用者體驗速率、連接數密度、端到端時延、峰值速率和移動性等關鍵能力上比前幾代行動通信系統更加豐富，且能為實現海量設備互聯和差異性服務場景提供技術支援。2019 年的 5G 商用正式宣告了 5G 時代的來臨。

目前，全球業界已經就 5G 概念及關鍵技術達成共識，5G 將進一步增強人們的行動寬頻應用使用體驗，並以創新驅動為理念，力求成為軟體化、服務化、敏捷化的網路，並服務於智慧家庭、智慧建築、智慧城市、雲端工作、雲端娛樂、行業自動化、自動駕駛汽車等垂直行業。

毫無疑問，5G 已經成為全球行動通信領域新一輪資訊技術的熱點話題。當然，5G 作為資訊時代的關鍵資訊技術，也對國家的數位建設具有重要作用。兩年來，中國、韓國和美國作為全球 5G 商用第一梯隊的國家，5G 發展呈現出不同特點，也為後續 5G 應用全面鋪開提供了寶貴的經驗。

就我國而言，一直以來，我國都將 5G 發展作為重大戰略機遇，在技術上支援國內企業開展基礎技術研究。在國家戰略層面，《國民經濟和社會發展第十四個五年規劃和 2035 年遠景目標綱要》中三次提及 5G 建設與應用；今年才發佈的《5G 應用「揚帆」行動計畫（2021-2023 年）》，提出 8 大專項行動和 4 大重點工程，為未來 3 年我國 5G 應用創新發展指明方向。

在行業應用方面，截至 2021 年 5 月底，我國 5G 基地台超過 81.9 萬個，5G 終端連接數超過 3.35 億戶。我國 5G 使用者體驗平均下載速率為 374.2Mbps，上傳速率達到 31.4Mbps，均為 4G 的 10 倍以上。

在技術創新方面，得益於我國行動通信產業的堅實技術基礎，我國 5G 產業僅用 1 年就實現了從標準凍結到商用產品的成熟過程，獨立組網產業鏈逐步成熟。比於過往的行動通信發展歷史，我國 5G 應用普及已處於全球第一梯隊。

相就韓國來說，韓國作為 5G 技術使用較早的國家。截至 2021 年 3 月，韓國 5G 用戶累計達到 1448 萬戶，在總行動用戶的滲透率達到 20.4%。一方面，5G 流量效應明顯。當前，

韓國 5G 用戶流量超過 4G 用戶流量，5G 用戶的月戶均流量在 25-26GB 左右，且流量使用分佈較為均勻。

另一方面，韓國運營商也推出海量應用服務，積極探索 5G 在工業網際網路、醫療健康、智慧交通、文化產業、機器人、城市公共安全和應急等領域的應用創新。以 VR/AR 為例，截至 2020 年底韓國 LG U+ 一家電信運營商的應用體驗數量就達到 4800 種。

對於美國而言，科技領域保持領先是美國一直以來的優勢。2020 年 3 月，美國白宮發佈《美國 5G 安全國家戰略》，提出了加快美國 5G 國內部署、評估 5G 基礎設施相關風險並確定其核心安全原則、推動負責任的 5G 全球開發和部署等戰略。

根據 Omdia 披露資料，2020 年美國 5G 使用者規模不大，僅為 990 萬，受疫情的影響比之前的預測用戶數有所下降。雖然美國 5G 使用者普及速度不如中韓等國，但美國在毫米波和動態頻譜共用（DSS）等技術領域相對領先，已在紐約、洛杉磯、芝加哥等多個城市進行毫米波商用部署。同時，美國三大運營商都已經提供了毫米波 5G 商用服務。

總的來説，儘管新冠肺炎疫情導致各國 5G 網路基礎設施建設面臨一定阻力，但 5G 建設進度仍保持了相對穩定的水準，發展呈現良好態勢。

⏵ 5G 改變生產

如果說 4G 改變了人們的生活，使人類社會得以進入全 IP 時代。那麼，5G 則具有比 4G 更高一個量級的威力——5G 改變了生產，這也是 5G 技術之所以為各國所看重的原因所在。

5G 技術具有萬物互聯、高速度、泛在網、低時延、低功耗、重構安全等特點和優勢。5G 技術的發展使整個人類社會的生產和生活產生深刻變革。5G 構建起萬物互聯的核心基礎能力，不僅帶來了更快更好的網路通信，更肩負起賦能各行各業的歷史使命。

在感官多維度交互功能方面，5G 大頻寬特性能夠支持更豐富的聽覺、視覺、觸覺等感知智慧，將促進 AR/VR、全息視頻、觸覺網際網路等智慧技術族的全面落地。以 VR/AR/MR 為例，虛擬實境（VR）、增強實境（AR）和混合實境（MR）通過「再語境化」的資訊，為使用者拓展提供沉浸式視頻體驗，從而徹底顛覆傳統人機交互內容的變革性技術。

在需求端，VR/AR/MR 技術強調視覺、觸覺、聽覺等多感官的對話模式，符合消費者自然行為的需求發展趨勢；在供給端，優質企業增強佈局力度，優化使用者體驗，而產品價格的下降和內容的豐富也將引起用戶群體的再次關注。

5G 天然具有移動性和隨時隨地訪問的優勢，可為 VR 業務提供更加靈活的接入方式，使 VR 業務從固定場景、固定接入走向移動場景、無線接入，從技術實現賦能虛擬實境多元化業

務場景。5G+Cloud+VR/AR/MR，可將複雜的渲染程式通過 5G 網路傳輸放在雲端伺服器中即時處理，降低對 GPU 等硬體的要求，助推「VR+ 娛樂」「VR+ 教育」「VR+ 體育」等「VR/AR/MR+X」多元應用場景，滿足更便捷更具象的通信需求以及更互動、更沉浸的視聽需求。

此外，5G 還會使設備徹底告別有線連接，真正意義上實現設備「無繩化」與「輕量化」，最大程度優化用戶體驗。可以預見，沉浸體驗 + 智慧空間將成為未來的最大特徵。

在算力泛在化部署功能方面，5G 獨特架構可以實現分散式運算，使其不再限於物理集中或者嵌入硬體，雲和端無縫連接將使基礎設施向資訊化、智慧化演進升級。進入萬物互聯時代，每個設備都可直接接入雲伺服器並與之進行超低延時的高效互通，海量的資訊將進入雲伺服器網路，並不斷「餵食」人工智慧。

這意味著，雲端伺服器的應用效率和人工智慧的學習進度將大大提高，工業資料通過 5G 網路匯總起來，形成自己的資料庫。據信通院預測，到 2025 年我國雲端計算市場規模將超過 5000 億元，超過 80% 的企業將把關鍵任務遷移到雲上。

在資料即時性流通功能方面，強大的 5G 網路能夠構築覆蓋衛星、物聯網等天地一體化場景，促進更大規模、更大範圍的資料獲取、傳輸、儲存、處理和應用，加速推動資料流程變成價值流。據 IDC 預測，到 2025 年我國資料規模將達到 48.6ZB，複合增長率超過 30%。

物聯網在醫療行業得到廣泛的應用。以遠端醫療為例，通過物聯網，醫生在診治患者時可跨越空間距離，實現患者遠端診治。然而，受限於 4G 網路下的傳輸速率等等，在進行遠端醫療時，時常面臨畫面清晰度不足、難以清楚辨別患者情況等問題，遠端醫療服務發展速度緩慢，在推廣時受到了較大限制。而 5G 行動通信技術與物聯網的融合應用，突破了 4G 網路下的部分限制，有提高畫面品質、改善資訊傳播延遲問題等效果，使遠端醫療得到了進一步發展與推廣。

🔘 5G 還需進化

元宇宙的海量即時資訊交互和沉浸式體驗的實現需要通信技術和計算能力的持續提升作為基礎，從而實現用戶對於低延時感和高擬真度的體驗。其中 5G 帶來的傳輸速率提升、時延減少以及連接數提升等通信能力升級，以及 GPU 浮點計算能力不斷提升和雲端計算以及邊緣計算技術等在算力上的不斷升級將推動元宇宙發展。

但現階段，通信能力上仍待 5G 建設持續快速推進。雖然各國均在積極推動 5G 的應用發展，但目前 5G 應用創新仍然面臨全球產業標準不成熟、R16 版本產品仍在研發中、行業融合技術與標準不完善、行業數位化水準較低、用戶對 5G 認知不夠、跨領域應用開發仍有差距等問題，產業發展任重道遠。

儘管全球主要國家正在積極推進基於 R15 版本的 5G 網路向 SA（獨立組網）架構升級，但目前 SA 終端的成熟度仍然不

夠，網路切片、邊緣計算技術方案仍需進一步完善。雖然 R16 標準已經凍結，但是行動通信技術從標準制定完成到設備研發、網路升級、終端生態普及以及廣泛應用等過程需要經歷一段時間。這是技術和產業發展的基本規律，5G 技術和產業的發展也需要一個長期的過程。

與此同時，行業應用相關技術標準仍需進一步完善。一方面，5G 能力的開發與應用，需要與物聯網、雲端計算、人工智慧等技術緊密協同，軟體定義、虛擬化、雲端化、開放化的 5G 新技術方向的引入或將帶來新的安全風險。另一方面，垂直行業領域自身存在短板，高清視頻、AR/VR 等支援 5G 融合應用發展的技術、生態成熟度有待提升，如 8K 編解碼技術、智慧駕駛演算法、工業場景應用模式等問題仍待解決，典型應用場景的標準也需加快制定。

網路方面，5G 網路覆蓋率有待提升。並且，5G 融合應用的快速發展需要 5G 網路更大範圍的部署。目前，SA 模式基地台覆蓋效果有限，基於 NSA 模式的 5G 網路對部分海量連接和低時延場景應用支撐不足。隨著行業使用者對 5G 網路需求的不斷提升，現有網路已明顯無法滿足各類行業的需求，亟需持續探索網路切片、網路專網、智簡網路等 5G 建設新模式，加強 5G 應用發展基礎。

產業方面，5G 產業鏈仍然存在薄弱環節，射頻晶片、中高頻器件等通信核心環節以及工業基礎存在技術短板，需要政府和產業界共同努力和突破。

終端方面，個人和行業終端市場都存在發展瓶頸，在促進新型資訊消費和國家內迴圈經濟發展背景下，市場上缺乏類似於 4G 時代的抖音短視頻、微信等典型應用，個人消費類終端款型雖然多，但尚未出現現象級終端。此外，用戶對 5G 認知不夠，行業數位化能力不足，適應 5G 特點的業務仍待開發。在深入理解 5G 技術、大頻寬業務和行業痛點的基礎上，需要共同探索解決方案，同時也需打破傳統產業固有的利益分配模式，形成新的商業模式。

如果說 5G 技術讓我們看到了元宇宙的輪廓，那麼目前正在積極研發的 6G 技術將會帶領我們真正的開啟元宇宙的時代。

2.3 人工智慧：成就元宇宙的「大腦」

當前，智慧工具已經成為資訊社會典型的生產工具，並對資訊資料等勞動對象進行採集、傳輸、處理、執行。如果說過去工業社會的勞動工具解決了人的四肢的有效延伸問題，那麼資訊社會的勞動工具與勞動對象的結合則解決了人腦的局限性問題，是一次增強和擴展人類智力功能、解放人類智力勞動的革命。

如今，人工智慧已成為新一輪科技革命和產業變革的重要驅動力量，其發揮作用的廣度和深度堪比歷次工業革命。人工智慧是當前科技革命的制高點，以智慧化的方式廣泛聯結各領域知識與技術能力，釋放科技革命和產業變革積蓄的巨大能量。在元宇宙的世界裡，人工智慧也將出演重要角色，為元宇宙賦予智慧的「大腦」以及創新的內容。

▶ 元宇宙的管理者

在人工智慧成為虛擬世界的管理者以前，人工智慧已經在管理現實世界上獲得了人們的認可。智慧城市就是人工智慧應用場景最終落地的綜合載體，隨著人工智慧等前端技術的融入，城市基礎設施得到了創新升級，將全方位助力城市向智慧化方向發展。

智慧，通常被認為是有著生命體徵和諸多身體感知的生物（人類）才有的特點。因此，智慧城市就好像被賦予了生命的

城市。事實上，城市本身就是生命不斷生長的結果，而「智慧城市」則是一個不斷發展的概念。

最初智慧城市被用來描繪一個數位城市，隨著智慧城市概念的深入人心和在更寬泛的城市範疇內不斷演變，人們開始意識到智慧城市實質上是通過智慧地應用資訊和通訊技術以及人工智慧等新興技術手段來提供更好的生活品質以及更加高效地利用各類資源，實現可持續城市發展的目標。

城市的成長始終和技術的擴張緊密相關。從過去人們想像中的城市，到用眼睛看到的城市，再到由英國建築師羅恩·赫倫所提出的「行走的城市」。藉助網際網路、物聯網、雲端計算以及大資料的便利，城市從靜態逐漸向動態延伸，而這所有集結了現代科技的城市現狀，則被蘊含在「智慧城市」的概念裡。

智慧城市的技術核心是智慧計算（Smart Computing），智慧計算具有串聯各個行業的可能。例如城市管理、教育、醫療、交通和公用事業等，而城市是所有行業交叉的載體。因而，智慧計算將是智慧城市的技術源頭，將影響到城市運作的各個方面，包括市政、建築、交通、能源、環境和服務等，涵蓋面非常廣泛。

儘管學界對於智慧城市的定義各有側重，但在實際操作中普遍認同維也納工大魯道夫·吉芬格教授 2007 年提出的「智慧城市六個維度」，分別是：智慧經濟、智慧治理、智慧環境、智慧人力資源、智慧機動性、智慧生活。

其中，智慧經濟主要包括創新精神、創業精神、經濟形象與商標、產業效率、勞動市場的靈活性、國際網路嵌入程度、科技轉化能力；智慧治理主要包括決策參與、公共和社會服務、治理的透明性、政治策略與視角；智慧環境包括減少對自然環境的污染、環境保護、可持續資源管理；智慧人力資源包括受教育程度、終身學習的親和力、社會和族裔的多元性、靈活性、創造力、開放性、公共生活參與性；智慧機動性包括本地協助工具、（國家間）無障礙交流環境、通信技術基礎設施的可用性、可持續、創新和安全、交通運輸系統；智慧生活（生活品質）包括文化設施、健康狀況、個人安全、居住品質、教育設施、旅遊吸引力、社會和諧。

這六個維度全面地涵蓋了城市發展的各個領域，尤其是除了城市的物質性要素以外，還將社會和人的要素納入其中，並將高品質生活和環境可持續作為重要的目標。也就是說，要讓城市更智慧，關鍵在於如何利用資訊通信技術創造美好的城市生活和環境的可持續，實現的途徑包括提升經濟、改善環境、強化完善城市治理，跟城市空間相關的是提升交通（機動性）的效率，核心問題是社會和人力資源的智慧化。

正如人工智慧賦予城市以「大腦」一樣，當人工智慧上升至元宇宙時，也需要承擔元宇宙管理者的角色。顯然，基於超大規模下的即時回饋，保證元宇宙的運營和內容供給效率，需要通過多技能人工智慧輔助管理元宇宙系統。單純依靠人力難以維繫元宇宙這樣的複雜系統，同時還要保證內容供給和運營的效率。因此，類似於遊戲中的 NPC 角色，人工智慧未來將扮演支撐元宇宙日常運轉的角色。

其中，多技能人工智慧將通過將電腦視覺、音訊識別和自然語言處理等功能結合，以更像人類的方式來收集和處理資訊，從而形成一種可適應新情況的人工智慧，解決更加複雜的問題。因此，未來人工智慧將承擔起客服、NPC 等元宇宙前端服務型職責以及資訊安全審查、日常性資料維護、內容生產等後端運營型職責。並且，隨著算力和技術提升，保證元宇宙的運營和內容供給效率。

🔘 帶來創新內容

當前，在底層算力提升和資料資源日趨豐富的背景下，人工智慧對各種應用場景的賦能不斷改造著各個行業。對於元宇宙這樣龐大的體系來說，內容的豐富度將會遠超想像。並且，內容將會是以即時生成、即時體驗、即時回饋的方式提供給使用者。對於供給效率的要求將遠超人力所及，需要更加成熟的人工智慧技術的賦能內容生產，實現所想即所得，降低使用者內容創作門檻。

元宇宙邊界在不斷擴展，滿足不斷擴張的內容需求，還需要通過人工智慧輔助內容生產 / 完全人工智慧內容生產。只有憑藉人工智慧賦能下的 AI 輔助內容生產和完全 AI 內容生產，才能夠滿足元宇宙不斷擴張的內容需求。

事實上，無論是傳統網游還是區塊鏈遊戲，遊戲腳本一直以來是破壞遊戲經濟的最主要因素。遊戲玩家通過玩的方式收穫遊戲資源，而遊戲腳本通過自動化執行、多開等方式產出遊戲資源，降低了遊戲資源的勞動價值。自動化的遊戲腳本

剝削了玩家勞動，而人工智慧的發展將完全取代玩家在遊戲中的機械勞動，甚至取代 PVP 等智力活動。

2021 年取得突破的 GPT-3 作為一種學習人類語言的大型電腦模型，擁有 1750 億個參數，利用深度學習的演算法，通過數千本書和網際網路的大量文本進行訓練，最終實現模仿人類編寫的文本作品。但是，目前人工智慧模型仍未達到真正理解語義和文本。因此，短期內，人工智慧將更多地承擔輔助內容生產的工作，通過簡化內容生產過程實現創作者所想即所得，降低使用者的內容創作門框。但是，隨著人工智慧和機器學習的進一步發展，未來有望實現完全人工智慧內容生產，從而直接滿足元宇宙不斷擴張的優質內容需求。

2.4 數位孿生：元宇宙的雛形

從技術上，元宇宙的雛形，其實已經到來，那就是 —— 數位孿生。

2021 年初舉行的電腦圖形學頂級學術會議 SIGGRAPH 2021 上，知名半導體公司輝達通過一部紀錄片，自曝了 2021 年 4 月公司發佈會中，輝達的 CEO 黃仁勳的演講中，數位替身完成的 14 秒片段。

儘管只有短暫的 14 秒，但黃仁勳標誌性的皮衣，表情、動作、頭髮均為合成製作，並騙過了幾乎所有人，這足以震撼

業內。作為元宇宙基礎之一的數位孿生技術，其發展的高速顯而易見。可以説，作為對現實世界的動態類比，「數位孿生」是元宇宙從未來伸過來的一根觸角。

數位孿生的概念演進

數位時代下，數位孿生作為最重要的數位技術之一，在人類社會數位化的進程中具有不可替代的重要意義，也因此頻繁出現在各大峰會論壇的演講主題之中，備受行業內外的關注。隨著數位孿生概念的成熟和技術的發展，從部件到整機，從產品到產線，從生產到服務，從靜態到動態，一個數位孿生世界正在被不斷構築。

數位孿生這一概念誕生在美國。2002 年，密西根大學教授邁克爾‧格裡夫斯在產品全生命週期管理課程上提出了「與物理產品等價的虛擬數位化表達」的概念：一個或一組特定裝置的數位複製品，能夠抽象表達真實裝置並可以此為基礎進行真實條件或模擬條件下的測試。其概念源於對裝置的資訊和資料進行更清晰地表達的期望，希望能夠將所有的資訊放在一起進行更高層次的分析。

而將這種理念付諸實踐的則是早於理念提出的美國國家航天局（NASA）的阿波羅項目。該專案中，NASA 需要製造兩個完全一樣的空間飛行器，留在地球上的飛行器被稱為「孿生體」，用來反映（或做鏡像）正在執行任務的空間飛行器的狀態。

時下，許多業界主流公司都對數位孿生給出了自己的理解和定義，但實際上，人們對於數位孿生的認識依然是一個不斷演進的過程。

這從 Gartner 在過去三年對數位孿生的論述中，便可見一斑。2017 年，Gartner 對數位孿生的解釋是：實物或系統的動態軟體模型，在三到五年內，數十億計的實物將通過數位孿生來表達。在 Gartner2017 年發佈的新興技術成熟度曲線中，數位孿生處於創新萌發期，距離成熟應用還有 5-10 年時間。

2018 年，Gartner 對數位孿生的解釋是：數位孿生是現實世界實物或系統的數位化表達。隨著物聯網的廣泛應用，數位孿生可以連接現實世界的物件，提供其狀態資訊，回應變化，改善運營並增加價值。

2019 年，Gartner 對數位孿生的解釋變化為：數位孿生是現實生活中物體、流程或系統的數位鏡像。大型系統，例如發電廠或城市也可以創建其數位孿生模型。

在數位孿生概念的成熟和完善過程中，數位孿生的應用主體也再不局限於基於物聯網來洞察和提升產品的運行績效，而是延伸到更廣闊的領域，例如工廠的數位孿生、城市的數位孿生，甚至組織的數位孿生。

橫向來看，在模型維度上，從模型需求與功能的角度，一類觀點認為數位孿生是三維模型、是物理實體的複製，或是虛擬樣機。在資料維度上，一些認識認為資料是數位孿生的核

心驅動力，側重了數位孿生在產品全生命週期資料管理、資料分析與挖掘、資料集成與融合等方面的價值。

在連接維度上，一類觀點認為數位孿生是物聯網平台或工業網際網路平台，這些觀點側重從物理世界到虛擬世界的感知接入、可靠傳輸、智慧服務。而對於服務來說，一類觀點認為數位孿生是模擬，是虛擬驗證，或是視覺化。

儘管當前對數位孿生存在多種不同認識和理解，目前尚未形成統一共識的定義，但可以確定的是，物理實體、虛擬模型、資料、連接和服務是數位孿生的核心要素。

展開來說，數位孿生就是在一個設備或系統「物理實體」的基礎上，創造一個數位版的「虛擬模型」。這個「虛擬模型」被創建在資訊化平台上提供服務。值得一提的是，與電腦的設計圖紙又不同，相比於設計圖紙，數位孿生體最大的特點在於，它是對實體物件的動態模擬。也就是說，數位孿生體是會「動」的。

同時，數位孿生體「動」的依據，來自實體物件的物理設計模型、感測器回饋的「資料」，以及運行的歷史資料。實體物件的即時狀態，還有外界環境條件，都會「連接」到「孿生體」上。

從虛實映射到全生命週期管理

正是基於數位孿生的核心要素，加之社會需求的同頻，使得數位孿生作為一種超越現實的概念，被視為一個或多個重要的、彼此依賴的裝備系統的數位映射系統，在現實的數位時代中熱度不斷攀升。而這，也成為元宇宙從未來伸過來的一根觸角。

其中，虛實映射是數位孿生的基本特徵，虛實映射透過對物理實體構建數位孿生模型，實現物理模型和數位孿生模型的雙向映射。這對於改善對應的物理實體的性能和運行績效具有重要作用。對於工業網際網路、智慧製造、智慧城市、智慧醫療等未來的智慧領域來説，虛擬模擬是其必要的環節。而數位孿生虛實映射的基本特徵，則為工業領製造、城市管理、醫療創新等領域由「重」轉「輕」提供了良好路徑。

以工業網際網路為例，在現實世界，檢修一台大型設備，需要考慮停工的損益、設備的複雜構造等問題，並安排人員進行實地排查檢測。顯然，這是一個「重工程」。而透過數位孿生技術，檢測人員只需對「數位孿生體」進行資料回饋，即可判斷現實實體設備的情況，完成排查檢修的目的。

其中，美國 GE 就藉助數位孿生這個概念，提出物理機械和分析技術融合的實現途徑，並將數位孿生應用到旗下航空發動機的引擎、渦輪，以及核磁共振設備的生產和製造過程中，讓每一台設備都擁有了一個數位化的「雙胞胎」，實現了運維過程的精準監測、故障診斷、性能預測和控制優化。

在新冠肺炎疫情期間，聞名世界的雷神山醫院便是利用了數位孿生技術進行建造。中南建築設計院（CSADI）臨危受命，設計了武漢第二座「小湯山醫院」——雷神山醫院，中南建築設計院的建築資訊建模（BIM）團隊為雷神山醫院創造了一個數位化的「孿生兄弟」。採用 BIM 技術建立雷神山醫院的數位孿生模型，根據專案需求，利用 BIM 技術指導和驗證設計，為設計建造提供了強有力的支撐。

近年的數位孿生城市的構建，更是引發城市智慧化管理和服務的顛覆性創新。比如，中國河北的雄安新區就融合地下給水管、再生水管、熱水管、電力通信纜線等 12 種市政管線的城市地下綜合管廊數位孿生體讓人驚豔；江西鷹潭「數位孿生城市」榮獲巴賽隆納全球智慧城市大會全球智慧城市數位化轉型獎。

此外，由於虛實映射是對實體物件的動態模擬，也就意味著數位孿生模型是一個「不斷生長、不斷豐富」的過程：在整個產品生命週期中，從產品的需求資訊、功能資訊、材料資訊、使用環境資訊、結構資訊、裝配資訊、工藝資訊、測試資訊到維護資訊，不斷擴展，不斷豐富，不斷完善。

數位孿生模型越完整，就越能夠逼近其對應的實體物件，從而對實體物件進行視覺化、分析、優化。如果把產品全生命週期各類數位孿生模型比喻為散亂的珍珠，那麼將這些珍珠串起來的鏈子，就是數位主線（Digital Thread）。數位主線不僅可以串起各個階段的數位孿生模型，也包括產品全生命週期的資訊，確保在發生變更時，各類產品資訊的一致性。

在全生命週期領域，西門子藉助數位孿生的管理工具——PLM（Product Lifecycle Management）產品生命週期管理軟體將數位孿生的價值推廣到多個行業，並在醫藥、汽車製造領域取得顯著的效果。

以葛蘭素史克疫苗研發及生產的實驗室為例，通過「數位化雙胞胎」的全面建設，最終使複雜的疫苗研發與生產過程實現了完全虛擬的全程「雙胞胎」監控。企業的品質控制開支減少 13%，它的返工和報廢減少 25%，合規監管費用也減少了 70%。

從虛實映射到全生命週期管理，數位孿生展示了對於各個行業的廣泛應用場景。微軟作為率先進軍「元宇宙」的網際網路巨頭，在對「商用元宇宙」應用做的詳盡的技術分層中，最底層就包括了數位孿生。顯然，基於多重數位技術搭建而成的數位孿生，是目前人們對元宇宙最具體的認知。

而元宇宙所構建的虛擬實境混同社會形態，從嚴格意義上而言更像是數位孿生與現實物理空間的混同形態，我們可以在現實與虛擬世界中任意穿梭。

03
Chapter

打造元宇宙經濟系統

Epic Games 的創始人、虛幻引擎之父 Tim Sweeney 曾提到:「元宇宙將比其他任何東西都更普遍和強大。如果一個中央公司控制了這一點,他們將變得比任何政府都強大,成為地球上的神。」元宇宙是一個巨大的平台,防止中心化平台的壟斷,建立元宇宙的經濟規則勢在必行。區塊鏈正是為元宇宙提供價值傳遞的解決方案的重要技術。

經歷了從單一的去中心化帳本應用向著虛擬時空的價值傳輸層進化,區塊鏈技術目前已經實現了一個虛擬世界價值傳輸的樣板。憑藉開源的應用生態和創新性的商業模式,區塊鏈應用快速發展和繁榮,在全球範圍內掀起快速反覆運算。

從比特幣到乙太坊,再到近期火熱的 DeFi 和 NFT,區塊鏈技術展示了其作為跨時空清結算平台的高效性。區塊鏈的出現保證了虛擬資產的流轉能夠去中心化地獨立存在,且通過代碼開源保證規則公平、透明,而智慧合約、DeFi 的出現將真實世界的金融行為映射到了數位世界。

3.1 「區塊」和「鏈」

區塊鏈之技術集成

區塊鏈是人類科學史上偉大的發明和技術，但大眾現在所見到的區塊鏈技術，並不是完完全全新創的技術，它其實包含了不同歷史時期多個領域的研究成果。1969 年，網際網路在美國誕生，此後網際網路從美國的四所研究機構擴展到整個地球。在應用上從最早的軍事和科研，擴展到人類生活的各方面，在網際網路誕生後的近 50 年中，有 5 項技術對區塊鏈的發展有特別重大的意義。

（一）TCP/IP 協議

1974 年美國科學家文頓瑟夫和羅伯特卡恩共同開發的網際網路核心通信技術 ——TCP/IP 協議正式出爐，決定了區塊鏈在網際網路技術生態的位置。這個協定實現了在不同電腦，甚至不同類型的網路間傳送資訊的可能性，使網際網路世界形成了統一的資訊傳播機制。所有連接在網路上的電腦，只要遵照這個協定，都能夠進行通訊和交互。

TCP/IP 協議對網際網路和區塊鏈有非常重要的意義，在 1974 年 TCP/IP 發明之後，整個網際網路在底層的硬體設備之間，中間的網路通訊協定和網路位址之間一直比較穩定，但在頂層應用層不斷湧現創新應用，包括新聞、電子商務、社交網路、QQ、微信，也包括區塊鏈技術。

也就是說區塊鏈在網際網路的技術生態中,是網際網路頂層 - 應用層的一種新技術。它的出現、運行和發展沒有影響到網際網路底層的基礎設施和通訊協定,依然是按 TCP/IP 協定運轉的眾多軟體技術之一。

(二)思科路由器技術

1984 年思科公司發明的路由器技術,是區塊鏈技術的模仿物件,思科公司電腦中心主任萊昂納德‧波薩克和商學院的電腦中心主任桑蒂‧勒納設計了叫做「多協議路由器」的聯網設備。他們將這種設備放到網際網路的通訊線路中,幫助資料準確快速從網際網路的一端到達幾千公里的另一端。

整個網際網路硬體層中,有幾千萬台路由器工作繁忙工作,指揮網際網路資訊的傳遞。思科路由器的一個重要功能就是每台路由都保存完成的網際網路設備位址表,一旦發生變化,會同步到其他幾千萬台路由器上(理論上),確保每台路由器都能計算最短最快的路徑。對於路由器來說,即使有節點設備損壞或者被駭客攻擊,也不會影響整個網際網路資訊的傳送,這也就是區塊鏈後來的重要特徵。

(三)B/S(C/S)架構

B/S(C/S)架構來自全球資訊網,全球資訊網簡稱為 Web,分為 Web 用戶端和伺服器。所有更新的資訊只在 Web 伺服器上修改,其他幾千、上萬,甚至幾千萬的用戶端電腦不保留資訊。只有在訪問伺服器時才獲得資訊的資料,這種結構即

網際網路的 B/S 架構，也就是中心型架構。這個架構也是目前網際網路最主要的架構，包括 Google、Facebook、騰訊、阿里巴巴、亞馬遜等網際網路巨頭都採用了這個架構。

B/S 架構對區塊鏈技術有重要的意義，B/S 架構是資料只存放在中心伺服器裡，其他所有電腦從伺服器中獲取資訊。區塊鏈技術是幾千萬台電腦沒有中心，即去中心化，所有資料會同步到全部的電腦裡，這就是區塊鏈技術的核心。

（四）對等網路（P2P）

對等網路 P2P 是與 C/S（B/S）對應的另一種網際網路的基礎架構，它的特徵是彼此連接的多台電腦之間都處於對等的地位，無主從之分，一台電腦既可作為伺服器，設定共用資源供網路中其他電腦所使用，又可以作為工作站。

Napster 是最早出現的 P2P 系統之一，主要用於音樂資源分享，Napster 還不能算作真正的對等網路系統。2000 年 3 月 14 日，美國地下駭客網站 Slashdot 郵寄清單中發表一個消息，說 AOL 的 Nullsoft 部門已經發放一個開放源碼的 Napster 的克隆軟體 Gnutella。在 Gnutella 分散式對等網路模型中，每一個聯網電腦在功能上都是對等的，既是客戶機同時又是伺服器，所以 Gnutella 被稱為第一個真正的對等網路架構。

區塊鏈技術就是一種對等網路架構的軟體應用，它是對等網路試圖從過去的沉默爆發的標竿性應用。

（五）雜湊演算法

雜湊演算法是將任意長度的數位用雜湊函數轉變成固定長度數值的演算法，雜湊演算法對整個世界的運作非常重要，從網際網路應用商店、郵件、殺毒軟體、瀏覽器等，所有這些都在使用安全雜湊演算法。它能判斷網際網路用戶是否下載了想要的東西，也能判斷網際網路用戶是否是中間人攻擊或網路釣魚攻擊的受害者。

區塊鏈及其應用比特幣或其他虛擬幣產生新幣的過程，就是用雜湊演算法的函數進行運算，獲得符合格式要求的數位，然後區塊鏈程式給予比特幣的獎勵。

包括比特幣和代幣的挖礦，就是一個用雜湊演算法構建的數學遊戲。不過因為有了激烈的競爭，世界各地的人們動用了強大的伺服器進行計算，以搶先獲得獎勵，以至於網際網路眾多電腦參與到這個數學遊戲中。

區塊鏈是人類科學史上偉大的發明和技術，區塊鏈本質上是一個去中心化的分散式資料庫，能實現資料資訊的分散式記錄與分散式儲存，它是一種把區塊以鏈的方式組合在一起的資料結構。區塊鏈技術使用密碼學的手段產生一套記錄時間先後的、不可篡改的、可信任的資料庫，這套資料庫採用去中心化儲存且能夠有效保證資料的安全，能夠使參與者對全網交易記錄的時間順序和當前狀態建立共識。

2017 年以來，區塊鏈概念興起，許多媒體都嘗試用通俗易懂的方式讓人們瞭解區塊鏈是怎麼一回事。通俗來講，就是區

塊鏈由以前的一人記帳，變成了大家一起記帳的模式，讓帳目和交易更安全，這就是分散式資料儲存。實際上，和區塊鏈相關的技術名詞除了分散式儲存，還有去中心化、智慧合約、加密演算法等概念。

區塊鏈由兩部分組成，一個是「區塊」，一個是「鏈」，這是從資料形態對這項技術進行描述。區塊是使用密碼學方法產生的資料塊，資料以電子記錄的形式被永久儲存下來，存放這些電子記錄的檔就被稱為「區塊」。每個區塊記錄了幾項內容，包括神奇數、區塊大小、資料區塊頭部資訊、交易數、交易詳情。

每一個區塊都由塊頭和塊身組成。塊頭用於連結到上一個區塊的位址，並且為區塊鏈資料庫提供完整性保證；塊身則包含了經過驗證的、塊創建過程中發生的交易詳情或其他資料記錄。

區塊鏈的資料儲存通過兩種方式來保證資料庫的完整性和嚴謹性：

• 第一，每一個區塊上記錄的交易是上一個區塊形成之後，該區塊被創建前發生的所有價值交換活動，這個特點保證了資料庫的完整性。

• 第二，在絕大多數情況下，一旦新區塊完成後被加入到區塊鏈的最後，則此區塊的資料記錄就再也不能改變或刪除。這個特點保證了資料庫的嚴謹性，使其無法被篡改。

鏈式結構主要依靠各個區塊之間的區塊頭部資訊連結起來，頭部資訊記錄了上一個區塊的雜湊值（通過散列函數變換的散列值）和本區塊的雜湊值。本區塊的雜湊值，又在下一個新的區塊中有所記錄，由此完成了所有區塊的資訊鏈。

同時，由於區塊上包含了時間戳記，區塊鏈還帶有時序性。時間越久的區塊鏈後面所連結的區塊越多，修改該區塊所要付出的代價也就越大。區塊採用了密碼協定，允許電腦（節點）的網路共同維護資訊的共用分散式帳本，而不需要節點之間的完全信任。

該機制保證，只要大多數網路按照所述管理規則發佈到區塊上，則儲存在區塊鏈中的資訊就可被信任為可靠的。這可以確保交易資料在整個網路中被一致地複製。分散式儲存機制的存在，通常意味著網路的所有節點都保存了區塊鏈上儲存的所有資訊。借用一個具體的比喻，區塊鏈就好比地殼，越往下層，時間越久遠，結構越穩定，不會發生改變。

由於區塊鏈將創世塊以來的所有交易都明文記錄在區塊中，且形成的資料記錄不可篡改，因此任何交易雙方之間的價值交換活動都是可以追蹤和查詢到的。這種完全透明的資料管理體系不僅從法律角度看無懈可擊，也為現有的物流追蹤、操作日誌記錄、審計帳等提供了可信任的追蹤捷徑。

區塊鏈在增加新區塊的時候，有很小的概率發生「分叉」現象，即同一時間出現兩個符合要求的區塊。對於「分叉」的解決方法是延長時間，等待下一個區塊生成，選擇長度最長的支鏈添加到主鏈。「分叉」發生的概率很小，多次分叉的概

率基本可以忽略不計,「分叉」只是短暫的狀態,最終的區塊鏈必然是唯一確定的最長鏈。

從監管和審計的角度來看,條目可以添加到分散式帳本中,但不能從中刪除。運行專用軟體的通信節點網路以對等方式在參與者之間複製分類帳,執行分散式分類帳的維護和驗證。在區塊鏈上共用的所有資訊都具有可審計的痕跡,這意味著它具有可追蹤的數位「指紋」。分類帳上的資訊是普遍和持久的,其通過創建可靠的「交易雲」,使資料不會丟失,所以區塊鏈技術從根本上消除了交易對手之間的單點故障風險和資料碎片差異。

整體來説,區塊鏈具備六大技術特徵,即去中心化、開放性、自治性、匿名性、可程式設計和可追溯。正是這六大技術特徵使得區塊鏈具備了革命性顛覆性技術的特質。

◈ 去中心化

由於使用分散式核算和儲存技術,不存在中心化的硬體或管理機構,任意節點的權利和義務都是均等的。系統中的資料塊由整個系統中具有維護功能的節點來共同維護,任一節點停止工作都不會影響系統整體的運作。

◈ 開放性

系統是開放的,除了交易各方的私有資訊被加密外,區塊鏈的資料對所有人公開,任何人都可以通過公開的介面查詢區塊鏈資料和開發相關應用。

◈ 自治性

區塊鏈採用基於協商一致的規範和協定，使得整個系統中的所有節點能夠在去信任的環境裡自由安全地交換資料，使得對「人」的信任改成了對機器和技術的信任。

◈ 匿名性

由於節點之間的交換遵循固定的演算法，其資料交互無需以信任為背書，因此交易對手無須公開身份。

◈ 可程式設計

分散式帳本的數位性質意味著區塊鏈交易可以關聯到計算邏輯，並且本質上是可程式設計的。因此，使用者可以設置自動觸發節點之間交易的演算法和規則。

◈ 可追溯

區塊鏈透過區塊資料結構儲存了創世區塊後的所有歷史資料，區塊鏈上的任一條資料皆可透過鏈式結構追溯其本源。

區塊鏈的資訊通過共識並添加至區塊鏈後，就被所有節點共同記錄，並透過密碼學保證前後互相關聯，篡改的難度與成本非常高。事實上，區塊鏈看似是生產力，但其作為去中心化的自組織更具有新興生產關係的特點。

從比特幣到智慧合約

從區塊鏈 1.0 到區塊鏈 3.0，當前，區塊鏈已經進入大航海時代。最初的區塊鏈僅僅指比特幣的總帳記錄，這些帳目記錄了自 2009 年比特幣網路運行以來所產生的所有交易。從應用角度來看，區塊鏈就是一本安全的全球總帳本，所有的可數位化的交易都是透過這個總帳本來記錄的。

2008 年 10 月 31 號，比特幣創始人中本聰（化名）在密碼學郵件組發表了一篇論文《比特幣：一種點對點的電子現金系統》。在這篇論文中，中本聰聲稱發明了一套新的不受政府或機構控制的電子錢系統，明確了比特幣的模式，並表明去中心化、不可增發、無限分割是比特幣的基本特點，區塊鏈技術是支援比特幣運行的基礎。

2009 年 1 月，中本聰在 SourceForge 網站發佈了區塊鏈的應用案例 - 比特幣系統的開源軟體，他同時透過「挖礦」得到了 50 枚比特幣，產生的第一批比特幣的區塊鏈就叫「創世塊」。一周後，中本聰發送了 10 個比特幣給密碼學專家哈爾·芬尼，這也成為比特幣史上的第一筆交易。從此，比特幣狂潮一發不可收拾。

2010 年 2 月 6 日誕生了第一個比特幣交易所，5 月 22 日有人用 10000 個比特幣購買了兩個披薩。2010 年 7 月 17 日著名比特幣交易所 Mt.gox 成立，這標誌著比特幣真正進入了市場。儘管如此，能夠瞭解到比特幣，進而進入市場參與比特

幣買賣的主要還是狂熱於網際網路技術的極客們。他們在論壇上討論比特幣技術，在自己的電腦上挖礦獲得比特幣，在Mt.gox 上買賣比特幣。

比特幣實現了去中心化的備產記錄和流轉。在比特幣網路中，多方維護同一個區塊鏈帳本，通過「挖礦」也就是計算亂數的方法確定記帳權，從而實現帳本的去中心化、安全性、不可篡改。通過「挖礦」獎勵的經濟學激勵設計，礦工會自願購買礦機提供算力從而維護整個交易網路，保證系統的安全性。

比特幣經過十多年的時間驗證，其價值儲存功能已經被部分海外市場機構和政府所接受。目前比特幣的流通市值已達 9300 億美元左右，系統算力在 18OEH/s 左右（一秒進行 1.8×1020 次雜湊計算）。經過多年的運行，從未出現嚴重的安全性問題，已被越來越多的人接受其資產屬性，雖無法承擔法定貨幣的流通職能，但在部分持幣人之間充當著一般等價物，這種轉帳並不基於任何中心化的帳戶體系。

比特幣的成功證明了去中心化的價值流轉可以有效實現。在比特幣成功的基礎上，乙太坊借鑒其模式並進行了升級，支持更複雜的程式邏輯，誕生了智慧合約，使區塊鏈從去中心化帳本的 1.0 時代邁向去中心化計算平台的 2.0 時代。

2013 年年末，維塔利克創立了乙太坊（Ethereum），最早的數位代幣生態系統自此誕生。乙太坊是一個基於區塊鏈的智慧合約平台，是區塊鏈上的「安卓系統」。任何人都可以使用乙

太坊的服務，在乙太坊系統上開發應用。現在，在乙太坊改造後的地基上，已經有上千應用大廈被搭建起來。

乙太坊的設計目標就是打造區塊鏈 2.0 生態，這是一個具備圖靈完備腳本的公共區塊鏈平台，被稱為「世界電腦」。除進行價值傳遞外，開發者還能夠在乙太坊上創建任意的智慧合約。乙太坊通過智慧合約的方式，拓展了區塊鏈商用管道。比如，眾多區塊鏈專案的代幣發行，智慧合約的開發，以及去中心化 DAPP（分散式應用）的開發。

乙太坊透過智慧合約和虛擬機器實現了去中心化通用計算，乙太坊開發者可以自由地進行去中心化應用，自由地創建、部署合約。乙太坊礦工在控礦的同時，需要透過虛擬機器執行合約程式，並由新的資料狀態產生新的區塊。其他節點在驗證區塊鏈的同時需要驗證合約是否正確執行，進而保證了計算結果的可信。

乙太坊中的智慧合約是一種預設指令，總是以預期的方式運行。智慧合約概念於 1995 年由 NickSzabo 首次提出，智慧合約允許在沒有協力廠商的情況下進行可信交易，這些交易可追蹤且不可逆轉。乙太坊上的智慧合約公開透明且可以相互調用，保障了生態的開放透明，通過開源實現信任。但如果程式漏洞被駭客先發現使用，也會造成資產上的損失。

簡言之，乙太坊通過搭載智慧合約，將 A 與 B 之間的某種約定以 "If-else" 的表述寫入程式中，並讓全網見證這個約定，到期自動執行，避免了傳統意義上中心化見證、擔保等行為帶

來的額外摩擦成本。當前，乙太坊的生態熱度不斷提高。近日平均每日新增部署 250 個合約，日均 16 萬次合約調用，並且保持著增長趨勢。

而基於區塊鏈智慧合約的去中心化應用 DAPP，主要集中於金融、遊戲、博彩、社交領域，用戶數量與資產量在穩步增長。DAPP 通過鏈上智慧合約實現了關鍵邏輯的去中心化執行，從而某些解決場景的信任問題，如金融應用中的信用傳遞、遊戲應用中的關鍵數值等。與傳統網路應用不同，DAPP 無需註冊，使用去中心化的位址即可確定使用者資訊。

DeFi（去中心化金融 Decentralized Finance）是最為活躍的 DAPP，通過智慧合約代替金融契約，提供了一系列去中心化的金融應用。用戶可以通過 DeFi 實現虛擬資產的相關金融操作，運用 DeFi 對虛擬資產進行資本配置、風險和時間維度上的重新配置。

DeFi 通過將金融契約程式化，在區塊鏈上複現了一套金融系統。DeFi 上的應用可以粗略分為穩定幣、借貸、交易所、衍生品、基金管理、彩票、支付、保險。現實中很多 DeFi 的功能遠超上述九類，主要源於其可以向「樂高積木」一樣互相組合，又被稱為 MoneyLego。

DeFi 高效、透明、無門檻且可以自由組合，這些特點使得 DeFi 生態快速發展和繁榮，被更多用戶所接受使用。任何用戶都可以訪問並使用 DeFi，FabianSchär 發表在美聯儲聖路易斯聯儲官網的研究報告認為：「DeFi 可以提高金融基礎設施的

效率、透明度和可及性。此外，該系統的可組合性允許任何人將多個應用程式和協定組合起來，從而創建新的、令人興奮的服務。」

DeFi 對於元宇宙的意義深遠，高效可靠的金融系統能夠加速元宇宙的構建。用戶對自有鏈上資產各項金融活動的完全掌控，所有人的金融操作不受地理、經濟水準、信任限制。通過智慧合約，能夠自動自主執行，規避黑箱操作。DeFi 與 NFT 結合能夠拓展到元宇宙的內容、智慧財產權、記錄和身份證明、金融檔等，能夠創造了一個能容納更多樣化資產、更複雜交易的透明自主的金融體系，支持元宇宙文明的構建。

也可以說，區塊鏈是網際網路大資料技術演變的必然產物，不斷增加的用戶，以及不斷擴大的資料就必然會對資訊安全提出更高的要求。可以預見，在元宇宙時代，當前的區塊鏈技術也將會獲得進一步的升級，以滿足使用者對資訊安全的更高要求。

3.2 NFT，推動區塊鏈進入元宇宙

當然，區塊鏈只是一種底層技術，是分散式資料儲存、點對點傳輸、共識機制、加密演算法等電腦技術的新型應用模式。區塊鏈就好像是大家的手機，而比特幣只是其中一個 APP，它還可能有更多的應用。目前，區塊鏈技術正向著構建產業生態級別底層架構、攻克各層級技術難點之後實現商用級別高性能應用的方向發展前進。當其能夠實現商業應用之後，便進入了區塊鏈 3.0 時代。

毋庸置疑，元宇宙將成為區塊鏈 3.0 時代的最大應用。其中，NFT 的出現，實現了虛擬物品的資產化，成為了區塊鏈進入元宇宙時代的先聲。

為數位物品確定歸屬

NFT 是非同質化代幣，不可分割且獨一無二。NFT 的誕生基於 2017 年乙太坊中一個叫做 CryptoPunks 的像素頭像專案，這些像素頭像總量上限為 1 萬。任何兩個像素頭像都不能相同，擁有乙太坊錢包的人當時可以免費領取 CryptoPunks 的像素頭像，且可以將自己擁有的像素頭像投入二級市場交易。

要知道，現實世界和虛擬世界中的大部分資產都是非同質化的。因此，作為一種非同質化資產，NFT 讓藝術品、收藏品甚至房地產等事物得以標記化。它們一次只能擁有一個正式所有者，並且他們受到乙太坊等區塊鏈的保護，沒有人可以修

改所有權記錄或複製／粘貼新的 NFT。換言之，NFT 可以低成本為虛擬世界中的數位物品確定歸屬權，進而為元宇宙的經濟活動奠定基礎。

首先，NFT 能夠映射虛擬物品，成為虛擬物品的交易實體，進而使虛擬物品資產化。可以把任意的資料內容透過連結進行鏈上映射，使 NFT 成為資料內容的資產性「實體」，進而實現資料內容的價值流轉。透過映射數位資產，裝備、裝飾、土地產權都將成為可交易的實體。

也就是説，NFT 可以成為元字宙權利的實體化，讓人類在區塊鏈的世界裡創造一個真正的平行宇宙。如同實體鑰匙一般，程式能夠透過識別 NFT 米確認用戶的許可權，NFT 也能夠成為了資訊世界確權的權杖。

這將實現虛擬世界權利的去中心化轉移，無需協力廠商登記機構就可以進行慮擬產權的交易。NFT 提供解決思路本質上是提供了一種資料化的「鑰匙」，可以方便地進行轉移和行權。並且，一系列相應許可權可以存在於中心化服務或中心化資料庫之外。這就大大增強了資料資產交易、流轉的效率，且流轉過程完全不需要協力廠商參與。

在收藏領域，NFT 帶來的數位稀缺性非常適合收藏品或資產，其價值取決於供應有限。一些最早的 NFT 用例包括 Crypto Kitties 和 Crypto Punks。其中，像 Covid Alien 這樣的單個 Crypto Punk NFT 售價就為 1175 萬美元。2021 年，流行品牌例如 NBA TopShot 還在創建基於 NFT 的收藏品，這些 NFT 包含來自 NBA 比賽影片的精彩瞬間，而不是靜態圖像。

在藝術品領域，NFT 使藝術家能夠以其自然的形式出售他們的作品，而不必印刷和出售藝術品。此外，與實體藝術不同，藝術家可以透過二次銷售或拍賣獲得收入，進而確保他們的原創作品在後續交易中得到認可。致力於基於藝術的 NFT 市場，例如 Nifty Gateway 7，在 2021 年 3 月銷售 / 拍賣了超過 1 億美元的數位藝術。

在遊戲領域，由於 NFT 引入的所有權機會，NFT 也為遊戲提供了重要的機會。雖然人們在數位遊戲資產上花費了數十億美元，例如在要塞英雄中購買皮膚或服裝，但消費者不一定擁有這些資產。NFT 將允許玩基於加密的遊戲的玩家擁有資產，在遊戲中賺取資產，將它們移植到遊戲之外，並在其他地方（例如開放市場）出售資產。

在虛擬世界 CryptoVoxels 中，持有某個地塊的 NFT 便擁有權利，可以對這個地塊的限定空間內進行開發、改造、佈置和出租。系統並沒有把使用者的許可權資訊記錄在伺服器中，而是記錄著相應的 NFT 的許可權資訊。CryptoVoxels 中的地塊 NFT 可以看作是一種高級形態的地契，它的流轉執行並不需要中間登記機構，擁有權和改造許可權通過鏈上通證進行轉移，擁有該 NFT 的用戶直接可以獲得相應許可權。

其次，NFT 的出現還將改變虛擬創作的商業模式，虛擬商品從服務變成交易實體。在傳統模式下，像遊戲裝備和遊戲皮膚，其本質是一種服務而非資產，他們既不限量，生產成本也趨於零。運營者通常將遊戲物品作為服務內容銷售給使用者而非資產，創作平台也是如此，使用者使用他人的作品時

需要支付指定的費用。NFT 的存在改變了傳統虛擬商品交易模式，使用者創作者可以直接通過生產虛擬商品，交易虛擬商品，就如同在現實世界的生產一般。NFT 可以脫離遊戲平台，使用者之間也可以自由交易相關 NFT 資產。

元宇宙中權益 NFT 資產化能夠促進權益的流轉和交易。這種特點可以讓元宇宙中的任何權利輕鬆實現金融化，如訪問權、查看權、審批權、建設權等，方便這些權利的流轉、租用和交易。

🔊 2021：NFT 元年

2021 年是屬於 NFT 的一年。2021 年以來，全球 NFT 藝術品、體育和遊戲市場交易量節節攀升。投機者和加密貨幣的愛好者蜂擁而至購買這種新型資產，這種資產代表了數位藝術、交易卡和線上世界等僅限線上物品的所有權。根據 Coin Gecko 資料，2021H1，NFT 整體市值達 127 億美元，相較 2018 年增長近 310 倍。根據 Non Fungible 資料，2021Q2 NFT 交易規模達 7.54 億美元，同比增長 3453%，環比增長 39%，交易量實現爆發式增長。

比如，2021 年 3 月 11 日，《Everydays：The first 5000 days》以接近 7 千萬美元（69,346,250 美元）的價格結標。《Everydays：The first 5000 days》的作者為美國數位藝術家暨圖像設計師 Beeple，Beeple 從 2007 年 5 月 1 日開始，每天都會創作一幅數位圖片，不間斷地維繫了 13 年半，將它們集結之後產出《Everydays：The first 5000 days》。

得標者將會收到《Everydays：The first 5000 days》圖片以及一枚 NFT，該 NFT 奠基於區塊鏈技術，存放了數位作品的元資料、原作者的簽章以及所有權的歷史記錄。而且，它是獨一無二的，佳士得將把代表《Everydays：The first 5000 days》所有權的 NFT 寄到得標者的加密貨幣帳號。

再比如，2021 年 8 月 27 日，NBA 球星斯蒂芬·科里（Stephen Curry）在推特更新了自己的頭像（一個穿著粗花西裝的 BAYC NFT），購買該頭像共花費 18 萬美元（55 個乙太幣，約 116 萬人民幣），引發市場進一步關注。BYAC 全稱是 Bored Ape Yacht Club，是由一萬個猿猴 NFT 組成的收藏品，包括了帽子、眼睛、神態、服裝、背景等 170 個稀有度不同的屬性。透過程式設計方式隨機組合生成了 1 萬個獨一無二的猿猴，每個猿猴表情神態穿著各異。

NFT 的火熱也引起資本市場競相追逐。其中，OpenSea 利用自己 NFT 用戶、NFT 資產種類等優勢快速統治了 NFT 交易所的市場份額。2021 年 8 月，OpenSea 的 NFT 交易金額超過 10 億美元，占全球 NFT 交易規模的 98.3%。作為對比，OpenSea 2020 年全年的交易額不足 2000 萬美元。

一方面，NFT 交易額的爆發來自供給端內容的快速豐富。NFT 項目的數量快速增加，2021 年 8 月總交易量超過 1 乙太幣的 NFT 專案達 2776 個，較年初不足 700 個 NFT 的項目總量已經增長至少 3 倍。以遊戲場景為代表的 Axie Infinity 和以社交場景為代表的 CryptoPunks、Bored Ape Yacht Club 的使用人數快速提升。2021 年 8 月 28 日，Axie Infinity 在推特上稱其安卓

版本的日活用戶數達到為 101 萬（首次突破 100 萬人），其中 Axie Infinity Windows 版本日活用戶數超 38 萬，Mac 版本日活用戶數約為 2.3 萬，iOS 版本日活用戶數約為 1.5 萬。

另一方面，OpenSea 的統治地位來自 NFT 平台簡易的入駐方式以及相較競爭對手而言更低的費用。OpenSea 的創作者入駐方式未設限制，創作者可以簡單地在 OpenSea 上申請帳號並發佈自己創作的 NFT 產品，入門門檻低，而 OpenSea 的競爭對手均需要申請或定向邀請才能參與發佈 NFT 產品或交易。

OpenSea 的手續費為 2.5%，儘管較常規的加密貨市交易手續費明顯更高，但相較其他 NFT 交易平台可能達 10% 或 15% 的交易手續費，OpenSea 的交易手續費維持在行業內最低的水準，且 OpenSea 對創作者版稅的收取也更低。另外，為了確保創作者的唯一性，OpenSea 無法將版稅分配到多個位址，所以接收版稅的位址只能為最初創作者申請的地址。NFT 創建者無法將其部分版稅費用通過 OpenSea 直接用於其他目的。

NFT 是區塊鏈和元宇宙發展的產物。未來，將有更多的資本和巨頭佈局 NFT 市場，NFT 的追逐之戰還將拉開序幕。

3.3 解決元宇宙的關鍵問題

區塊鏈是連接元宇宙概念的重要技術。區塊鏈基於自身的技術特性，天然適配元宇宙的關鍵應用場景。區塊鏈是一種按時間順序將不斷產生的資訊區塊以順序相連方式組合而成的一種可追溯的鏈式資料結構，是一種以密碼學方式保證資料不可篡改、不可偽造的分散式帳本。區塊鏈藉助自身的特性可以用於數位資產、內容平台、遊戲平台、共用經濟與社交平台的應用。可以説，區塊鏈技術是連接元宇宙底層與上層的橋樑。

虛擬資產與虛擬身份

用戶在傳統網際網路平台中的虛擬資產和虛擬身份的諸多問題，都是阻礙元宇宙的到來與發展的因素。比如：傳統網際網路虛擬查產的解釋權往往在平台機構，其查產屬性並不明確；虛擬世界的經濟系統完全依賴運營者的運營水準，難以做到自發調整平衡；使用者的身份資訊以及衍生的相關資料被完全掌握在平台機構手中，缺乏隱私。

而區塊鏈能通過去中心化的權益記錄，保障了使用者的虛擬資產權益不被單一機構所掌控。這種權益記錄方式使得虛擬資產近似於物理世界的真實資產，用戶可以隨意地處置、流通、交易，不受中心化機構的限制。

其中，區塊鏈發展成熟的 DeFi 生態，能夠為元宇宙提供一套高效的金融系統。從虛擬資產的抵押借貸、證券化、保險等各個方面，為用戶提供低成本、低門檻、高效率的金融服務。用戶的虛擬資產如同現實資產一般，享受到金融服務，從而進一步強化了虛擬物品的資產屬性。通過虛擬產權的穩定和豐富的金融生態，元宇宙經濟系統將具備如現實世界中的調節功能，用戶的勞動創作的虛擬價值將會由市場決定。

對於傳統的虛擬資產難以跨平台流通的情況，區塊鏈則可以降低虛擬資產在多個平台流動的難度。傳統的遊戲資產在內的虛擬資產是記錄在運營機構的資料庫內，虛擬資產的跨平台轉移涉及需要多方資料互信，成本高且難以實現。通過 NFT 記錄虛擬資產的歸屬資訊，並在區塊鏈去中心化網路中以點對點的方式進行父易 NFT，本質上是因為這些項目採用了區塊鏈平台進行資產的清算，減少了信任風險，提高了清算效率。

區塊鏈技術讓使用者控制自己的身份資料的實現終於找到了技術突破口，W3C 提出了基於區塊鏈的分散式數位身份 DID 的概念，分散式數位身份具有：安全性、身份自主可控、身份的可攜性的特點。基於分散式數位身份，社交網路應用的作用是提供服務，而無法進行社交資料的壟斷。人與人之間的網路社交連結發生在資料層面，而非應用層面。這種模式下也能夠有效地促進新的社交應用的誕生，以適應元宇宙複雜多樣地社交場景。

▶ 制衡中心化平台的不正當行為

中心化的平台可以透過對規則的非對稱優勢損害用戶利益。在網際網路時代，中心化的平台常常憑藉自身的流量優勢、對規則的非對稱優勢，對平台用戶進行某種程度的剝削，依靠網際網路應用服務中規則的隱蔽性，通過循序漸進的調整以滿足自身的利益，讓總體利潤向平台方傾斜，比如所謂的「大資料殺熟」。

從網際網路時代到元宇宙時代，元宇宙作為承載人類虛擬活動的大型平台，在流量上具備自然壟斷性。以中心化平台為主導的元宇宙商業模式必然導致更大規模的壟斷和控制，這是一種比網際網路壟斷更難以接受的結果，也不利於元宇宙的長期發展。因此，尋求「去中心化、安全、效率」這三個重要因素的平衡成為防止元宇宙壟斷的必須。

區塊鏈正是解決這一問題的關鍵。區塊鏈的結構本質上是一個按照時間順序串聯起來的事件鏈，創世塊以後的所有交易都記錄在區塊中。交易記錄等帳目資訊會被打包成一個個的區塊並進行加密，同時蓋上時間戳記，所有區塊按時間戳記順序連接成一個總帳本。

區塊鏈使用了協定規定的密碼機制進行認證，保證不會被篡改和偽造，因此任何交易雙方之間的價值交換活動都是可以被追蹤和查詢到的。如果有人想要在區塊鏈中修改「帳本記錄」，需要把整個鏈條上的加密資料進行破解和修改。其難度相當大，這是由區塊鏈的結構所決定的。

另一個保證安全的因素就是區塊鏈採用了分散式儲存的方式。也就是説，即使篡改者破解和修改了一個節點上的資訊，也沒有什麼用，只有同時修改網路上超過半數的系統節點資料才能真正地篡改資料。這種篡改的代價極高，幾乎不可能完成，這也就保證了區塊鏈的安全性。

區塊鏈構建了一整套協議機制，讓全網每一個節點在參與記錄的同時也來驗證其他節點記錄結果的正確性。只有當全網大部分節點（或甚至所有節點）都同時認為這個記錄正確時，或者所有參與記錄的節點都進行結果比對並一致通過後，記錄的真實性才能得到全網認可，記錄資料才允許被寫入區塊中。

區塊鏈技術採用分散式資料儲存的方式來解決帳目的容災問題，同時建立了一種個體之間的對等關係（P2P），形成去中心化的資料系統。這個系統沒有中心機構，所有節點的權利和義務都一樣，任一節點停止工作都不會影響整體的運行。所以，分散式儲存的一個優勢就是「去中心化」。

可以説，區塊鏈技術天然提供了實現平衡的操作可能：使用者資產與使用者資訊可以不記錄在提供內容的平台上，而是加密記錄在區塊鏈底層平台。在這種模式下，內容平台無法壟斷使用者的資訊，不具備使用者虛擬權益的解釋權，而是單純地提供平台的服務功能。

此外，智慧合約具有永久運行、資料透明、不可篡改的技術特點。首先，支撐區塊鏈網路的節點往往達到數百甚至上

千，部分節點的失效並不會導致智慧合約的停止，其可靠性理論上接近於永久運行，這樣就保證了智慧合約能像紙質合同一樣每時每刻都有效。其次，區塊鏈上所有的資料都是公開透明的，因此智慧合約的資料處理也是公開透明的，運行時任何一方都可以查看其代碼和資料。最後，區塊鏈本身的所有資料不可篡改，因此部署在區塊鏈上的智慧合約代碼以及運行產生的資料輸出也是不可篡改的，運行智慧合約的節點不必擔心其他節點惡意修改代碼與資料。

智慧合約的最大作用就是自動化執行相關程式流程，減少人員參與的環節，提高效率。通過智慧合約，區塊鏈將真正實現平台規則的去中心化運行。

3.4 區塊鏈之未完成

區塊鏈技術在搭建元宇宙經濟系統上有巨大的應用價值。木桶效應表明，決定木桶能裝多少水取決於它最短的木板有多長。所以，區塊鏈技術發展受制約的因素在於其發展中出現的一些問題。這些問題影響區塊鏈的落地，也是區塊鏈現階段發展面臨的挑戰。

第一，隨著區塊鏈的發展，節點儲存的區塊鏈資料體積會越來越大，其儲存和計算的負擔越來越重，這會給區塊鏈核心用戶端的運行帶來很大的困難。雖然羽量級節點可部分解決此問題，但適用於更大規模的工業級解決方案仍有待研發。

第二，區塊鏈的應用效率較低。比特幣的一次交易需要六次確認，每次確認要十分鐘左右，全網確認需要一小時左右才能完成。這樣的效率就不適合高性能（毫秒）的金融交易事務，比如股票交易。隨著區塊鏈技術的發展，我們可以通過一定的方法解決效率問題。比如，聯盟鏈和私有鏈，通過減少節點以及優化演算法，可以在很大程度上改善區塊鏈的交易性能。同時，在類似 DPoS 或 PBFT 的共識機制下，區塊鏈上的交易確認很迅速，交易輸送量也能滿足預期的交易規模，以及絕大多數的業務需求。

第三，區塊鏈的去中心化並不完全可靠。區塊鏈的特點是去中心化，而去中心化的前提是預設交易雙方的信用都沒有問題。但是，在實際的交易中，這一前提並不能得到完全保

證。而且，如果某一方信用存在問題，交易是無法及時撤銷的，這一漏洞將會導致嚴重的社會經濟秩序問題。

相對而言，傳統的中心服務，有一個中心組織作為業務中間主體，在出現安全問題時，業務主體只需要發佈相應的安全補丁，就可以提高業務的整體安全性。而區塊鏈是建立在「協商一致」的基礎上的。理論上，除非所有參與者協商一致，否則就沒有辦法解決安全問題。在區塊鏈 2.0 中，自我商定的「智慧合同」的出現更加劇了這種風險。一些「共識」直接掩蓋了後續安全的隱患，還有一些甚至沒有修改機制的「智慧合同」。因此，有必要建立嚴格的問責機制和監管制度，以保證交易的安全性和合法性。在目前的情況下，建立和實施完整的機制必將花費很長時間。

第四，區塊鏈的隱私處理需要平衡。在區塊鏈公有鏈中，每一個參與者都能夠獲得完整的資料備份，所有交易資料都是公開和透明的。這是區塊鏈的一個優點，但也是缺點。比特幣對隱私保護的解決方法是，通過隔斷交易位址和位址持有人真實身份的關聯，來達到匿名的效果。但是，交易本身是公開的，所有人都可以在比特幣或系統中訪問交易資訊，而這在醫療、金融等行業中是不被允許的。

在聯盟鏈中，除了對演算法做處理外，還有其他一些特別的隱私資料保護方法。比如 Enigma 系統將資料分解成碎片，然後使用一些巧妙的數學方法對這些資料進行掩蓋。需要注意的是，隱私處理會影響一定的交易性能，兩者還需要平衡。

元宇宙的終極目標是構建一個獨立於現實世界又與現實世界相連接的生態體系。因此，一個健全而又透明的貨幣體系將是確保這個生態可以運轉下去的前提條件。儘管區塊鏈構建的信任體系將成為元宇宙的基礎設施，是元宇宙經濟系統的基礎，但就目前來看，這條走向元宇宙的路依然漫長。正如我之前所講到，在真正的元宇宙時代，我們所應用的區塊鏈技術一定不是今天所看到的技術形式，一定會有更優化的升級技術，只是目前還不知道會是怎樣優化的技術。

NOTE

04
Chapter

虛擬技術鋪墊關鍵路徑

隨著資訊技術革命的發展，人類追求的「再造一個世界」也不斷取得重大進展，人們以存在哲學為理論基礎，發展虛擬世界的理論、技術和倫理。如今，圖形學、多媒體、人機交互技術、腦科學的發展給虛擬世界的降臨鋪平了道路。以 VR、AR、MR 為代表的虛擬技術，正推動人類世界向元宇宙躍進。

4.1 XR 正在進化

VR/AR/MR 構成的 XR，即擴展實境（Extended Reality），不僅覆蓋了完全現實和完全虛幻之間的光譜，更能讓這些技術統稱為一個內容範圍，成為元宇宙發展中非常重要而又非常富有前景的一個組成部分。

🔘 虛擬技術之整合

虛擬技術是對諸多技術的囊括，是利用電腦的軟硬體及各種感測器（如高性能電腦、圖形生成系統、特製服裝、特製手套、特殊眼鏡等）生成一種逼真的三維模擬環境，並通過多種專用設備使使用者「投入」到該環境中，實現用戶與該環境直接進行自然、簡捷交互的技術。

虛擬技術可以讓用戶利用人的自然技能對虛擬世界的物體或物件進行考察或操作，同時提供視覺、聽覺、觸覺等各種直觀而又自然的即時感知。不論是 VR、AR，還是 MR，作為虛擬技術的分支，都離不開三大類技術群的支援，即立體顯示技術、3D 建模技術和自然交互技術。

（一）立體顯示技術

立體顯示技術以人眼的立體視覺原理為依據。因此，研究人眼的立體視覺機制、掌握立體視覺的規律，對設計立體顯示系統是十分必要的。如果想在虛擬世界看到立體的效果，就

需要知道人眼立體視覺產生的原理，然後再用一定的技術通過顯示裝置還原立體效果。

立體顯示技術又可細分為 HMD 技術、全息投影技術以及光場成像技術。HMD（頭戴顯示）技術的基本原理是讓影像透過稜鏡反射之後，進入人的雙眼在視網膜上成像，營造出在超短距離內看超大螢幕的效果，而且具備足夠高的解析度。

全息投影技術可以分為投射全息投影和反射全息投影兩種，是全息攝影技術的逆向展示。和傳統立體顯示技術利用雙眼視差的原理不同，全息投影技術可以通過將光線投射在空氣或者特殊的介質（如玻璃、全息膜）上呈現 3D 影像。人們可以從任何角度觀看影像，得到與現實世界中完全相同的視覺效果。目前，我們看到的各類表演中所使用的全息投影技術都需要用到全息膜或玻璃等特殊的介質，需要提前在舞臺上做各種精密的光學佈置。這類表演的效果絢麗無比，但成本高昂、操作複雜，需要操作人員進行專業訓練。

從某種意義上來說，光場成像技術又可以算作「準全息投影」技術。其原理是用螺旋狀振動的光纖形成圖像，並直接讓光線從光纖彈射到人的視網膜上。

簡單來說，就是用光纖向視網膜直接投射整個數位光場（Digital Lightfield），產生所謂的「電影級實境」（Cinematic Reality）。

（二）3D 建模技術

3D 建模主要通過 3D 軟體、3D 掃描和光場捕捉等方式來實現。

其中，3D 軟體建模就是通過各種三維設計軟體在虛擬的三維空間構建出具有三維資料的模型。這個模型又被稱作 3D 模型，可以通過 3D 渲染技術以二維的平面圖像呈現出來，或是通過電腦類比，或是通過 3D 列印設備構建。

在構建虛擬實境世界時，除了使用常規的 3D 建模技術和實景拍攝技術之外，我們還可以使用 3D 掃描技術將真實環境、人物和物體進行快速建模，將實物的立體資訊轉化成電腦可以直接處理的數位模型。3D 掃描器是利用 3D 掃描技術將真實世界的物體或環境快速建立數位模型的工具。3D 掃描器有多種類型，通常可以分為兩大類：接觸式 3D 掃描器和非接觸式 3D 掃描器。

光場捕捉建模技術最早應用於 Ren Ng 創辦的 Lytro，它通過在單個感測器前放置微透鏡陣列實現多個視角下畫面的採集，但這種方案會導致解析度大大降低。近幾年，還有一種方案被 Facebook Reality Labs、微軟 MR 工作室、上海疊境、深圳普羅米修士和微美全息等公司採用，即使用上百個相機的多相機陣列和深度相機組成內環抓拍系統，並對物件進行全方位拍攝，通過高速處理的 AI 演算法和動態融合的系統即時合成物件的立體模型。

（三）自然交互技術

虛擬實境要實現完美的沉浸感，離不開自然交互技術的支撐，捕捉動作、眼動追蹤、語音交互、觸覺交互等交互技術起了重要作用。

顯然，為了實現和虛擬實境世界中場景和人物的自然交互，我們需要捕捉人體的基本動作，包括手勢、表情和身體運動等。實現手勢識別、表情、動捕的主流技術分為兩大類，一類是光學動捕，一類是非光學動捕。光學動捕技術包括主動光學動捕和被動光學動捕，而非光學動捕技術包括慣性動捕、機械動捕、電磁動捕和超聲波動捕。

眼動追蹤即使用攝影鏡頭捕捉人眼或臉部的圖像，然後用演算法實現人臉和人眼的檢測、定位與跟蹤，從而估算使用者的視線變化。目前，我們主要使用光譜成像和紅外光譜成像兩種影像處理方法，前一種需要捕捉虹膜和鞏膜之間的輪廓，後一種則需要跟蹤瞳孔的輪廓。

在和現實世界交互的時候，除了眼神、表情和動作交互外，還有語音交互。一個完整的語音交互系統包括對語音的識別和對語義的理解兩大部分，不過人們通常用「語音辨識」一詞來概括。語音辨識包含了特徵提取、模式匹配和模型訓練三方面的技術，涉及的領域包括信號處理、模式識別、聲學、聽覺心理學、人工智慧等。

觸覺交互技術又被稱作所謂的「力回饋」技術，在遊戲行業和虛擬訓練中一直存在相關的應用。具體來說，它會透過向

用戶施加某種力、震動等,讓用戶產生更加真實的沉浸感。觸覺交互技術可實現在虛擬世界中創造和控制虛擬的物體,比如遠端操控機械或機器人,甚至模擬訓練外科實習生進行手術。

簡而言之,虛擬技術直接將我們自身投入到虛擬的三維空間中去,與交互的環境融為一體。在這個虛擬的世界中,我們可以自由地運動、觀看風景,就和在真實的物理世界一樣,我們擁有足夠的自主性。

VR/AR/MR

當前,提到虛擬技術,就離不開對 VR/AR/MR 的討論。VR/AR/MR 構成的 XR,即擴展實境(Extended Reality),不僅覆蓋了完全現實和完全虛幻之間的光譜,更能讓這些技術統稱為一個內容範圍,成為元宇宙發展中重要而又富有前景的一個組成部分。

擴展實境分為多個層次,可以從透過有限感測器輸入的虛擬世界到完全沉浸式的虛擬世界,也可以從透過輔助設備疊加得到的混合世界到可以完全裸眼感知的混合世界,擴展實境技術使真實世界的物理物件和虛擬世界的數位物件得以共存並相互作用,最終實現完美的融合效果。

4.2 虛擬實境，走向市場

網際網路和社交平台既不能將虛擬世界準確地投射到物理世界，也不能賦予人類在虛擬世界中的深度體驗感。VR 則從技術上解決了這些問題。VR 作為一種能夠使人以沉浸的方式進入和體驗人為創造的虛擬世界的電腦模擬技術，能完全創造出一個生動的虛擬世界。

當前，VR 技術日趨成熟，進入穩定生產階段。同時，基於 VR 的應用和設備已經開始出現在教育、傳媒、娛樂、醫療、遺產保護等諸多領域。在經歷了概念期、低潮期，VR 再次進入發展期。現在，VR 產品已經比以往的任何時候都更加謹慎，卻也更加成功。

🔘 VR 市場再爆發

VR 概念由來已久，早在 20 世紀 60 年代就開始萌芽。最早的 VR 技術甚至可以追溯到 1956 年的 Sensorama，它集成了 3D 顯示器、氣味發生器、身歷聲音箱及振動座椅，內置了 6 部短片供人欣賞，然而巨大的體積使它無法成為商用娛樂設施。

1989 年美國 JaronLanier 正式提出虛擬實境概念。在 1980 至 1990 年代，NASA 先後推出了實驗性頭盔、耳機、手套等 VR 初級設備。其中，NASA 在 1985 年研發了一款 LCD 光學頭戴顯示器，能夠在小型化輕量化的前提下提供沉浸式的體驗，其設計與結構後來也被廣泛推廣與採用。當然，由於受制於

當時晶片技術和加工工藝，需要採用昂貴的專業設備實現，因此無法針對民用市場普及，主要應用於軍事訓練、飛機製造、航空航太等專業領域。

在遊戲、娛樂領域，一些著名的公司也曾嘗試採用虛擬實境技術研發相關產品。1993 年，遊戲廠商 SEGA 曾計畫為遊戲機開發一款頭戴式虛擬實境設備，卻因在內測中反應平淡而夭折。1995 年，任天堂發佈了一款基於 VR 技術的遊戲機 Virtual Boy，但由於只能顯示紅黑兩色且遊戲內容解析度和刷新率低，在不到一年時間內便宣告失敗。

真正將商用虛擬實境技術帶向復興的是 2012 年 Oculus Rif 和 Google Glass 的問世。這個時候起，VR 產品在成本、延遲、視域和舒適度方面得到了顯著改善，商用 VR 設備真正步入消費電子市場，VR 行業進入了產業元年

2016 年是 VR 設備及內容生態極具里程碑意義的一年。VR 被列入「十三五」資訊化規劃等多項國家政策檔，國內廠商也紛紛入局。樂視頭盔、暴風魔鏡、掌網科技、大朋等等相繼出現，整個 VR 行業處於井噴狀態。在 CES2016 上，Oculus 正式發售了 OculusRift 頭戴式 VR 設備，同時登臺的還有 HTCVive 和三星的 GearVR。也是從 2016 年開始，越來越多資本看好 VR 內容（影視、遊戲等）市場，大量投資蜂擁而至。國內新興遊戲公司、VR 工作室也陸續推出了一些高品質的 VR 作品，如《永恆戰士 VR》、《Aeon》等。

儘管 2016 年被稱為 VR 元年，但旋即在年尾引發「寒冬爭議」。研究機構 Canalys 的報告顯示，2017 年一季度，美國消

費者貢獻了全球 VR 市場 40% 的銷售額，日本上升到第二位，達到 14%；中國的市場份額則下降到 11%，退居第三位。

究其原因，還在於當一大波企業奔著眼鏡、頭盔等硬體而去，搶著做平台、做入口時，內容的稀缺終於掣肘了 VR 產業的良性迴圈。同時，VR 追求的是沉浸式和場景化體驗，但由於用戶的參與感太過薄弱，只充當觀眾的用戶量級顯然無法支撐 VR 的全民熱情。

2018 年，在市場和技術的推動下，VR 行業逐步進入恢復和上升期。同時，在 5G 技術支援下，產業鏈各方與電信運營商合力也促進了 VR 行業應用的加速發展。這讓虛擬實境技術在視頻、教育、培訓以及購物和商品體驗、醫療、交通、安防、生態保護等行業的應用不斷顯現。

2020 年新冠疫情進一步加速了 VR 的滲透。疫情期間，由新華社、武漢大學、中國移動聯合打造的全球首次 5G+VR「雲賞櫻」，就帶著武大櫻花頻上熱搜。此外，隨著珠峰高程測量的最後衝刺，中國移動又率先在海拔 6500 米開通了 5G+VR 慢直播珠峰，甚至在珠峰搭建了一個「雲端舞臺」，用 VR 直播讓「雪山蹦迪」成為現實。

🌐 跑馬圈地，Oculus 獨領風騷

VR 市場的火熱仍在持續。根據興業證券資料，2020 年全球 VR 頭顯出貨量為 670 萬台，到 2025 年 VR 用戶市場有望超過 9000 萬。2020 年全球 VR 頭顯出貨量為 670 萬台，同比大增

72%，預計 2022 年將達到 1800 萬台。2020 年全球 VR 用戶數量已超過千萬，到 2025 年將達到 9000 萬，蘋果等巨頭的相繼入場給市場更大想像力空間。

（一）Oculus

從份額來看，Oculus 品牌獨領風騷，Ouest2 市占率連月霸榜。根據 Steam 平台公佈的資料，20201 年 3 月份 SteamVR 前四大品牌分別為 Oculus、HTC、Valve 及微軟 WMR 系，Oaulus 以高達 58.07% 的份額牢占榜首。其中 Oculus Quest2 上市後市占率飆升，2021 年 2 月加冕 Steam 平台第一大 VR 頭顯，3 月強勢不減，份額繼續擴大至 24.25%，連續兩個月霸榜 SteamVR 最活躍 VR 設備。

作為 Facebook 最新一代 VR 一體機，Oculus Quest2 上市即表現不俗，2020 年 9 月發佈之初預定量就達初代 5 倍。據 Facebook Reality Labs 副總裁 Andrew Bosworth，發售不到半年時間，累計銷量就已經超過歷代 Oculus VR 頭顯的總和。

根據 SuperData 統計，Oculus Ouest2 20Q4 單季度銷量達 109.8 萬台；據映維網保守預計，2020 年 Quest 2 銷量約 250 萬台，2021 年以來銷量已接近 150 萬台，累計銷量已接近 400 萬。

2021 年 Oculus Quest 2 銷量翻倍可期。據映維網保守估計，2021 年全年 Oculus Quest 2 銷量有望達到 500 萬台，樂觀估計下銷量有望逼近 1000 萬台；根據 Facebook 紮克伯格透露，VR 平台以 1000 萬用戶作為重要里程碑，一旦跨過這個門

檻將迎來可持續發展。從 Quest2 的強勁銷量來看，Facebook VR 生態已經打開，未來使用者將持續貢獻內容收入。

據 Super data 預計，2021 年 Quest 2 出貨量將能佔據所有獨立 VR 設備的 87%。得益於 Ouest 2 強勁銷售，Facebook 非廣告業務收入激增。Facebook 202004 非廣告業務實現收入 8.85 億美元（包括公司硬體產品 Oculus 和 Portal），同比高速增長 156%，Quest 2 的熱銷是增長的主要推動力。

（二）HTC

HTC 聯合 Valve 開發 VR 頭顯，產品系列豐富。HTC 的 VIVE 系列是由 HTC 與 Valve 聯合開發的 VR 頭顯，第一款開發者版本 VIVE 在 2015 年的 MWC 上發佈，消費者版本於 2016 年正式開始銷售。根據 Steamspy 資料，該款產品發行 3 個月後銷量接近 10 萬台。

VIVE Focus Plus 支援 2K 解析度、6 自由度操控和 Inside-Out 定位追蹤，無需連接 PC 或定位器即可使用，用戶體驗大幅提升。VIVE Pro 的色彩對比度更高，且內置 3D 立體音耳機，具備 100 平米內空間定位追蹤功能，可滿足大型遊戲需求。最新的 VIVE Cosmos 擁有 VIVE 系列中最高的解析度，同時適用於各種 VR 應用程式，功能更加全面。

根據 IDC 資料，HTC 在 2018 年 Q1 的全球 VR 行業銷售收入的份額達到了 35.7%，第二名三星的份額為 18.9%。內容方面，截止 2021 年 3 月，Steam 平台 VR 獨佔遊戲為 3871 款，其中 3727 款支持 HTC VIVE，2708 款支持 Oculus Rif，優勢巨大。

4.3 VR 生活，仍有未竟之路

作為元宇宙與現實世界的硬體介面，當前，VR 已成為遊戲、視頻、直播的重要應用，VR 正加速賦能下游各行業。VR 已廣泛運用於房產交易、零售、家裝家居、文旅、安防、教育以及醫療等領域。據 IDC 預測，未來隨著 VR 產業鏈條的不斷完善以及豐富的資料累積，VR 將充分與行業結合，由此展現出強大的飛輪效應，快速帶動行業變革，催生出更多商業模式並創造更多的商業價值。

與此同時，不得不承認的是，到目前為止，在 VR 走向量產成熟的過程中，VR 依然需要面對諸多發展的關卡，VR 的消費級市場前景，也依然道阻且長。

🔘 虛擬實境在生活

VR 視頻：商業化已落地，沉浸感、交互性以及內容創新有望持續加強。早期的 VR 視頻以風景短視頻為主。隨著拍攝技術的日漸成熟，VR 巨幕影院、VR 直播、VR 360° 視頻等場景逐漸落地，突破了場地、螢幕尺寸的限制，將原有場景向 AR/VR 端延伸，為用戶提供電影、體育賽事、電影／電視劇等多樣化內容。2020 年愛奇藝推出的 360° 全景沉浸式，8KVR 互動劇場《殺死大明星》支持用戶通過交互探索探索同一時間維度的不同場景，開創全新的 VR 敘事模式。

◉ 消費之路，道阻且長

在國際上，目前 VR 技術已經逐漸走向成熟，並且向著視覺、聽覺、觸覺多感官沉浸式體驗的方向發展。同時，相應硬體設備也在朝著微型化、手機化發展。顯然，未來 VR 的發展前景廣闊，是通往元宇宙的關鍵路徑。但不可否認，由於其技術、服務等體系的不完善，VR 離消費級市場依舊存在一定距離。

2018 年美國一項針對專家的調研顯示，在影響 AR 和 VR 普及的因素中，用戶體驗被認為是最主要的因素，選擇該項的受訪者占比分別達到 39% 和 41%。如果設備性能不過關，使用者體驗感就會大打折扣。作為未來進入元宇宙的第一入口，AR 和 VR 目前仍需在軟硬體上不斷做出優化。

從體驗感上說，目前 VR 設備的清晰度和刷新率仍有提升空間。以 VR 設備為例，目前主流產品類型包括 VR 手機盒子、VR 頭顯和 VR 一體機。市面上 VR 設備的解析度最高支援到 4K，如上所述，若要達到人眼最自然的清晰度，則需要高達 16K 的水準。高刷新率可以提高畫面的流暢度，減少延遲和重影，一定程度上減輕人們使用 VR 設備時產生的眩暈感。最理想的刷新率是 180HZ，目前現有的大部分 VR 頭顯刷新率在 70-120HZ 之間。

顯然，VR 仍然面對一些次要但非常關鍵，並會直接影響用戶體驗，進而決定用戶使用意願的問題，比如電子部件的發熱對於佩戴型設備非常棘手。高計算能力、高通訊頻寬都會帶來更嚴重的發熱，設備發熱量和散熱方式將會成為後續產品

開發的重點研究領域。另外，眼鏡型設備都隱含有定制化需要，使用者瞳距、是否為近視眼、近視程度、用眼習慣等都直接影響著每一個消費者的使用意願。

從性能上說，現有 VR 設備的算力負荷大，功耗過高，直接影響續航。高性能必然要求設備具有強大的計算能力，也造成了功耗過高，進而產生設備發熱問題，可能存在安全隱患。但高性能與低功耗之間並非取捨問題，破局之道在於將 5G 和雲端計算應用到 VR 領域，則可以完美釋放終端壓力，還能從體積、重量上給終端設備瘦身，提高使用舒適感。

比如，要實現視網膜螢幕效果的 VR 顯示，單位角度像素密度要達到 60PPD（確切說是 57.6PPD）。在保證這個參數的同時，還要達到正常人 110 度及以上的視場角。採用的手段就是使用光學透鏡放大視場，在 VR 設備的狹小空間內，基本就等於 2 寸左右的顯示部件要達到 6K 以上級別的水準像素總量。此外，更優越的顯示、計算、通訊性能，需要更高的能耗。無論把部分性能放在本地還是雲端，計算能力和通訊能力的提升都需要更多的能源消耗。

還有一種降低算力負載的方式是串流。通常的串流是有線方式，即將頭顯通過 USB-Type C 與手機或通過 DP、HDMI 介面與 PC 相連，從而將渲染的主要算力放在手機和 PC，通過線纜直接傳輸視頻、操控交互資訊。

從輕便性來說，無線串流技術還不成熟。為了實現 VR 頭顯的輕便，並解決空間移動問題，無線串流是 VR 產品設計著力解決的方向。目前主流的無線串流技術主要是 WIFI 和私有協

議，前者將 PC GPU 渲染並壓縮過的資料通過 WFI 路由器傳送至頭顯，通常需要千兆路由器才能有比較流暢的體驗，但由於技術的不成熟，目前有額外延遲、畫質損耗、高性能消耗以及其他不穩定因素。後者是通過設備廠家自己研發的壓縮演算法和通訊協定傳輸，比如 VIVE 無線套件，使用 WiGig 配件，可以實現電腦和 VR 頭顯延遲小於 7ms，但需要架構額外的 WGig 加速卡，這就增加了用戶的成本。

從價格來說，設備昂貴，造成消費者的經濟壓力。市面上比較暢銷的 VR 設備價格參差不齊，但綜合產品參數來看，配置較好的設備價格大多在 4000 左右或以上的價格。另外，如果用戶購置的是 VR 頭顯而非一體機的話，還需再搭配一台性能達標的主機設備，這又增加了額外的成本。

並且，VR 還未形成明晰的商業模式。目前 VR 在 ToC 市場的盈利方式主要就是兩種，一是終端設備的出售以及線上內容付費，二是線下 VR 體驗館的單次付費模式。這種商業模式不僅結構單一，同時持續性和穩定性也較弱。硬體和終端設備銷售是當前的早期 VR 市場最重要的收入來源，但內容作為元宇宙的核心要素，將是未來的主要盈利點。目前大多數 VR 體驗館所提供的體驗內容不具有足夠的吸引力，顧客基本上都是一次性消費，無法給行業帶來穩定、持續的收入。

當前，元宇宙正推動 VR 產業整體發展進入技術變革的機遇期——以技術創新為支撐，以應用示範為突破口，以產業整合為主線，以平台集聚為中心，以築建「VR+」為目的地已清晰可見，但路線圖仍需更多努力和探索。

4.4 虛擬的未來——混合現實

如果説 VR 是一種能夠使人以沉浸的方式進入和體驗人為創造的虛擬世界的電腦模擬技術，能完全創造出一個生動的虛擬世界，能讓用戶與真實世界隔絕。那麼，AR 就是在 VR 技術上的進一步升級。

AR 可以將數位資訊疊加到物理環境，是一種將真實世界資訊和虛擬世界資訊「無縫」集成的新技術，是把原本在現實世界的一定時間空間範圍內很難體驗到的實體資訊（視覺資訊、聲音、味道、觸覺等），通過電腦等科學技術，被人類感官所感知，從而達到超越現實的感官體驗。

🔘 AR 和 VR 有何區別？

虛擬實境（VR）是一種完全沉浸式的技術，用戶看到的都是虛擬環境。這使得 VR 本身不具備強移動性——使用者需要確保所處環境的安全，從而在非常有限的距離內移動，以避免撞到牆壁等物體或摔倒。

由於 AR 將數位物件和資訊疊加在現實世界之上，因此 AR 對用戶的切實價值主要體現在移動場景。例如，當用戶身處陌生環境，AR 可以幫助使用者獲得更多周邊環境資訊，使用者還可依靠 AR 導航指引前往目的地。這使得 AR 能夠與移動網路完美結合。

從設備區別來看，鑒於 VR 是純虛擬場景，VR 裝備多配有位置追蹤器、資料手套、動作捕捉系統、資料頭盔等，用於使用者與虛擬場景的互動。而 AR 是虛擬與實景的結合，所以設備一般都配有 3D 攝影鏡頭。嚴格來說，只要安裝了 AR 軟體，智慧手機等帶攝影鏡頭的產品都可以進行 AR 體驗。

從技術區別來看，VR 的核心是圖樣的各項技術的發揮，目前在遊戲領域應用最廣，最為關注的是沉浸感，對 GPU 性能要求較高。AR 則強調復原人類的視覺功能，應用了很多電腦視覺技術對真實場景進行 3D 建模再處理，重視 CPU 的處理能力。

從應用場景來看，VR 的虛擬實境特性使其具有沉浸感和私密性，決定了其在遊戲、娛樂以及教育社交等領域會有天然優勢，而 AR 的增強實境特性決定了其更偏向於與現實交互，適用於生活、工作、生產等領域。

AR 現狀：基於手機的應用

事實上，當前針對消費者的專用 AR 頭顯尚未獲得市場的普遍歡迎。不過，在智慧手機作業系統開發者工具（如安卓的 ARCore、蘋果的 ARKit 和華為的 AR Engine）的支持下，AR 已經在智慧手機上流行多時。其中，AR 社交、AR 遊戲、AR 導航已成為最受歡迎的幾類應用。

（一）AR 社交

當前，社交軟體無疑是 AR 的主要應用。Snapchat 出類拔萃，推動了 AR 的普及。截至 2021 年第一季度，Snapchat 日活用戶達 2.8 億，其中平均有 2 億用戶每天都使用 AR 互動。其最初（目前最受歡迎）的功能是在視頻通話中為使用者提供 AR 善加濾鏡。它還不能提供一定程度的實用功能，但能提升視頻通活體驗。例如，用戶可 L 當試新發色，並獲得好友回饋。

萊雅等品牌利用這些「濾鏡」來進行新穎的產品廣告宣傳。Snapchat 在發展過程中也不斷增強其 AR 功能，增加了對身體其他部位的識別，如藉助腳部識別，用戶可以試穿虛擬鞋子。此外，用戶還可以為現實場景添加濾鏡。這些功能為用戶提供了新穎的體驗，也讓更多品牌能利用 AR 進行廣告宣傳和市場行銷。

許多流行的視頻通話應用也模仿了 Snap chat 的 AR 功能，Facebook 和蘋果的 FaceTime 就集成了類似的功能。Facebook 稱，在 3 年內，其 AR 聊天濾鏡用戶將達到 10 億，包括旗下的 Instagram、Messenger 和其他產品平台的使用者。

華為的「趣 AR」功能集成了 3D Cute Moji 表情包，可以追蹤用戶的臉部動作和表情，為用戶匹配 3D 虛擬頭像。華為趣 AR 受到年輕用戶的廣泛歡迎，在華為的整體智慧手機應用中，其受歡迎度排名前列。蘋果 FaceTime 和 TikTok 也集成了類似的 AR 功能。當前使用者主要是通過這些社交軟體熟悉 AR。

（二）AR 遊戲

與 AR 社交應用一樣，遊戲也是將 AR 推向大眾市場的一類主流內容。Niantic 開發的《精靈寶可夢 GO》在全球大獲成功，引領了 AR 遊戲的風潮。這款遊戲推出後迅速風靡全球，截至 2018 年 5 月，月活用戶超 1.47 億，2019 年初下載量超十億。截至 2020 年，其收入已超過 60 億美元。

這款遊戲的獨特之處在於將現實和虛擬世界結合起來，為玩家提供基於實景的 AR 體驗。寶可夢（神奇寶貝）散落於真實世界的各個角落，玩家需要四處走動來捕獲他們。當玩家遇到一隻寶可夢時，它會通過 AR 模式顯示出來，就像存在於真實世界一樣。玩家還可以進行寶可夢競技，同樣是基於實景（寶可夢競技場）。此外，遊戲出品方還實現了遊戲體驗與實景的進一步結合。例如，玩家可以在真實世界中靠近水的地方找到水生寶可夢。

《精靈寶可夢 GO》不僅作為遊戲大獲成功，其廣告模式也非常成功。因為寶可夢散落真實世界的各個角落，所以可以利用這一點來吸引大家前往某個地點。例如，2016 年，該遊戲與日本麥當勞合作，將麥當勞門店變成了寶可夢競技場。這一合作為每家麥當勞門店平均每日增加了 2000 名顧客。隨後，美國運營商 Sprint 也與 Niantic 合作，為全美 1.05 萬家零售店進行了類似推廣。近期，Niantic 的新遊戲《哈利波特 鄧師聯盟》與 AT&T 合作，將 AT&T 的 1 萬家零售店變為了遊戲中的旅店和要塞，以吸引顧客。

AR 遊戲也可以只與家中室內場景結合，如任天堂推出的《馬里奧賽車實況 家庭賽車場》。玩家利用裝有攝影鏡頭的實體玩具車進行比賽，在家裡佈置賽道，然後透過增強實境疊加傳統馬里奧賽車遊戲裡的圖形元素。遊戲中只有賽車和傢俱是真實的，其他內容都是通過 AR 疊加的圖形元素。

基於 HMS Core AREngine，華為與眾多中國網際網路娛樂合作夥伴（包括騰訊、網易、完美世界、迷你玩等）聯合開發了大量知名遊戲，在中國推動了遊戲的創新體驗和 AR 生態的發展。以 X-Boom 遊戲為例，玩家的任務是對疊加在現實世界中的 AR 動物角色進行射擊。

（三）AR 導航

導航也是當前 AR 功能應用的一個關鍵領域。Google 地圖和 Google 地球都加入了 AR 功能。除了提供更直觀的導航這一實用功能外，還可以在餐館或地標等真實地點上疊加「地點標誌」，讓使用者可方便獲取額外資訊。

手機運營商也活躍於導航領域，且可利用 5G 定位，相對於 OTT 服務商更具潛在優勢。例如，LG U+ 推出了 Kakao Navi 服務，能夠為司機提供車道級導航，比 GPS 定位更加精準。5G 定位也適用於室內場景，比基於 GPS 的地圖更具優勢。此外，AR 設備上的外向感測器還可以為司機提供潛在危險提醒。

百度地圖可通過基於中國移動網路的差分校正提供車道級導航，目前已在廣州、深圳、蘇州、重慶和杭州率先落地。測

試表明，使用華為 HMS Core AREngine，百度地圖的準確性和穩定度得到大幅提高。

華為河圖基於 AREngine 和高精度地圖技術，在上海外灘、華為旗艦店、敦煌和北京等地都較好地實現了落地。除此之外，該技術在 AR 導航、文物再現以及更好融合現實與歷史等方面進行了非常好的探索，帶來了深遠的影響。

這些 AR 導航工具提供的功能還可以為遊客提供 AR 體驗。除了智慧手機外，Telef6nica 與內容夥伴 Mediapro 和當地運輸公司 TMB 合作，在巴賽隆納的旅遊巴士上安裝了 AR 螢幕。5G 網路能提供基於地理位置的富媒體內容直播，為遊客帶來互動式體驗。

《AR+ 西湖》是中國杭州的一個 AR 旅遊創新應用。西湖是中國被列入世界文化遺產目錄的著名旅遊景點，AR 為遊客豐富西湖旅遊景點內容，提供沉浸式的觀景體驗。遊客透過下載「掌上西湖 App」進入到「AR 遊西湖」板塊，手機對準所參觀景點，螢幕便能即刻顯示該景點相關的背景故事，讓遊客沉浸其中。AR+ 西湖旅遊路線包括平湖秋月、放鶴亭、蘇小小墓、岳王廟等，全程 AR 體驗區達 1.4 公里。同時，掌上西湖還實現了全景區 AR 智慧導航、導遊以及導購，最大限度的為遊客提供便利，讓旅遊變得更豐富更有趣、也更輕鬆。

🔵 AR 未來：走向 MR

不論是 VR，還是 AR，虛擬技術走到最後，必然達到 MR（Mixed Reality）的階段，這也是元宇宙最後呈現出來的理想結果——即混合實境合併現實和模擬世界，產生新的視覺化沉浸式交互環境。顯然，混合實境是虛擬實境技術的進一步發展。混合實境通過在現實場景呈現虛擬場景資訊，在現實世界、虛擬世界和用戶之間搭起一個交互回饋的資訊回路，以增強使用者體驗的真實感。

總之，混合實境給到人們的，將是一個混沌的世界——人們在混合實境的世界，將無法區分數位類比技術（顯示、聲音、觸覺）等和現實的差異。正是因為此，混合實境才更有想像空間，它將物理世界即時並且徹底地比特化了，又同時包含了 VR 和 AR 設備的功能。

在未來的元宇宙世界裡，混合實境將能夠讓玩家同時保持與真實世界和虛擬世界的聯繫，並根據自身的需要及所處情境調整操作。類似超次元 MR=VR+AR= 真實世界 + 虛擬世界 + 數位化資訊，簡單來說就是 AR 技術與 VR 技術的完美融合以及昇華，虛擬和現實互動，不再局限於現實，從而獲得前所未有的體驗。

進入元宇宙時代的最終呈現方式會以 MR 為主，並且會以去螢幕化的方式讓螢幕無處不在，隨時隨地、觸手可及的一種虛擬實境混同生活方式。

4.5 全息時代在崛起

以 VR、AR、MR 為代表的混合實境技術，突破了以往平面視覺的極限感知，全面開啟了三維體驗與交互新階段，逼真的三維虛擬動態顯現與沉浸式體驗逐步成為一種常態。其中，搭載 VR、AR、MR 等技術的全息技術，提供著更具多元化、擬真態、交互性的體驗。

作為一種在資訊虛擬世界刻畫物理世界、模擬物理世界、優化物理世界、視覺化物理世界的全新技術，全息技術將 AR、VR 和 MR 三者之間的界限打破，並進行有效融合。全息技術帶來了全新的即生式、行動式、智慧化、鏡像化、全息態的體驗模式。從這一角度來說，元宇宙的崛起也是一場屬於全息技術的崛起。

全息之「完全資訊」

全息，完全資訊之意。

全息術這一思想最早是由英國科學家 Dennis Gabor 於 1948 年提出來的。Gabor 發現，由透鏡所產生的像差依然儲存著物體的全部資訊。他受到布喇格 X 射線顯微鏡的啟發，先利用相干電子波記錄物體的振幅和位元相資訊，再利用相干光波再現象差矯正良好的像差，這樣電子顯微鏡的解析度就能達到 1A。他巧妙地將不易矯正的電子透鏡的球差轉移到了易於矯正的光學範疇，並用可見光證實了他的想法。

Gabor 用高壓汞燈作光源，用透射物體的直射波作為參考光和物體的衍射波相干涉，得到了同軸全息圖。當用相干光再現全息圖時，顯微鏡下觀察到了物體的再現像。相干光束通過全息圖後，具有了原始波場位元相和振幅的調製特性。原始波場好像是被照相干擾所俘獲以後被釋放出來的，再現的波形似乎是從來未受過干擾而傳播著的。迎著光束的觀察者發現它與原始波沒有區別，觀察者似乎在觀察原物，彷彿原來的物體仍放在那裡。

也就是説，Gabor 看到的是觀察真實世界所具有的一切光學特性的物體，它具有三維特性和實際生活中一切正常的視差關係。Gabor 藉助於把位相差轉換成強度差的背景波解決了全息術發明中的基本問題，從而把位元相編碼成照相膠片能夠識別的量。由於不僅記錄了物波場的振幅資訊還記錄了其位元相資訊，因此 Gabor 稱這些記錄為全息圖，意思就是──完整的圖。

現在，人們也將全息分為兩大體系：一種是光學意義上的，一種是投影呈現領域的，但在實際應用中人們沒有將二者細分。其中，光學意義上的全息是利用光的干涉原理，將整個物體發射的特定光波以干涉條紋的形式把物體的全部資訊記錄下來，並在一定條件下形成與物體本身很像的三維圖像。

這種意義上的全息技術具有三個特點：

- 一是三維立體性，即全息照相再現出的圖像是三維的，它呈現出來的效果就像觀看了真實物體一樣富有立體感；

- 二是可分割性，指全息照片即使破碎了，也不影響整個物體的圖像，不會因照片的破碎而失去像的完整性；

- 三是資訊容量大，它的理論儲存量上限遠大於磁片和光碟的儲存量。投影呈現領域的全息則是利用光學傳輸特點，使數位影像在「空中」呈現，從而實現與真實物體在視覺空間上的「虛實融合」。

全息技術思想自提出以來，就不斷地融合到其它學科領域，形成了各種新興技術，比如全息儲存、模壓微全息、全息計量等技術。並且，之後也相繼產生了多種全息，比如透射全息、像面全息、彩虹全息、白光再現全息、真彩色全息、動態全息、計算全息、數位全息……全息技術也越來越多、越來越成熟，逐漸突破了實驗室研究層次，進入到社會應用中。

▶ 全息技術之應用

當前，全息技術在時裝界、娛樂界、博物館、政界均開啟了應用熱潮。

在時裝界，全息壓模技術和時裝界的結合成了設計師的寵兒。早在 2006 年一場秋冬季時裝發佈會上，亞歷山大就展示了一幅凱特的全息照片。在娛樂界，2015 年春節聯歡晚會中，李宇春表演的《蜀繡》就透過特效「分身」出多個李宇春，在觀眾面前同台表演。在此之前，轟動一時的鄧麗君和周杰倫隔空對唱，也採用了全息技術。這些畫面的實現，就

是利用全息投影技術，產生立體的空中幻象，使幻象與表演者互動，一起完成表演，產生令人震撼的演出效果。

目前，美國、英國等的一些城市已經出現了全息博物館，他們把一些稀世珍寶拍成全息照片加以呈現，以減少文物損壞、被盜等安全隱患。也有國外設計師將全息技術安裝在座椅的靠背上，為乘客提供點餐、通信以及環境三維圖像等資訊。在政界，此前印度總理莫迪就在 2014 年 5 月的競選中，使用全息技術，讓自己出現在不同的地方拉票演講。

更重要的是，搭載 VR、AR、MR 等技術的全息技術，還將提供更具多元化、擬真態、交互性的體驗。深圳億思達集團鈦客科技在 2014 年發佈了全球首款全息手機 ——Takee，用戶利用該手機就可以看到全息圖像。它內置專業的特殊攝影鏡頭來精準地追蹤眼球，並在此基礎上建模進而使我們看到全息圖像。同時，隨著眼球位置的不斷轉移，畫面還會隨之自動適配。使用者可以不受視角限制，裸眼觀看逼真的、高清晰度的 3D 立體電影。

2015 年，微軟正式公佈了全息眼鏡 HoloLens。該眼鏡內置全息處理器，用戶戴上它可以利用內部的感測器感應自己的肢體動作，也可以把數位內容轉換投射出全息圖像。使用者眼前可以出現懸浮畫面，如在牆上查看資訊、直接進行 Skype 視頻通話、觀看球賽或者在地上玩遊戲。汽車購買者利用 HoloLens，可以輕鬆地選擇自己喜歡的汽車顏色和配置，也可以任意添加、變換所需功能。使用者還可體驗登陸火星、

收集金幣類的遊戲、在虛擬實境中設計玩具並列印出來。甚至，他們還可以與西班牙的機車設計師共同設計物理模型。這一切都如身臨其境。微軟甚至設想用戶可以坐在自己的客廳裡，與好友進行即時協作玩全息的 3D 遊戲。可以說，全息給人類帶來了一種全新的看世界的方式。

在教育領域，未來學生或許可以帶上全息眼鏡，走進所學習的環境中，身臨其境地接觸以前無法看到的場景。這將讓學習不再是傳統的、枯燥的文字呈現，或者是固定的圖像呈現。它可以把一些用文字、圖片描述的內容情景化，增加學生的學習興趣，讓學生們更容易走進真實的學習場景，真正實現教育即生活。

人與信息新互動

搭載 VR、AR、MR 等技術的全息技術又同時將 AR、VR 和 MR 三者之間的界限打破，並進行有效融合。未來，在全息技術的促進下，人們將經歷從被動的觀看，進入到全息的情境裡。人們得以在情境中觀看、感受、體驗全新的空間環境，並通過這一「再造」空間環境進行全新的交互體驗模式。

全息技術帶來了全新的即生式、移動式、智慧化、鏡像化、全息態的體驗模式。人可以進入到全息影像技術打造的三維立體空間中，然後再和全息影像技術所打造的三維立體影像進行互動。

從這個角度來說，元宇宙的崛起也是一場屬於全息技術的崛起，其核心就是實現資訊和人之間的交互行為，變革人和所處的環境的適應方式。在這樣的時代裡，空間和時間的交互統一了五感，加入了觀者內心情感和主觀的思維。參與者可以走入這個全息技術打造的虛擬環境中，與環境和空間進行交互。科幻作品中曾幻想的那些科幻場景，也終於成為現實。

試著想像一下，偌大的展廳中央，一輛全新的概念車的影像懸浮在半空中，各個角度的細節都清晰可見。而且，隨著人們手指的揮動，汽車可以 360°旋轉、立體分解，甚至可以迅即變成飛機。未來，電影已經不單是一塊懸掛於牆上的銀幕，觀眾將置身於一個虛幻的戲劇舞臺，親身體驗或參與到一段段故事中。

事實上，這一虛擬實境的全新交互體驗在更早前就已經出現。2009 年 8 月，世界經典藝術多媒體互動展在北京展出，61 幅作品均取材於有人類文明以來的藝術精品。作品涉及繪畫、雕塑等，既有人們熟知的達文西代表作《蒙娜麗莎》、《最後的晚餐》，也有可以追溯到西元前 2 萬 5 千年舊石器時代奧瑞納時期的《沃爾道夫的維納斯》。這些藝術作品既毫不失真地再現了所有參展藝術精品，又將全息技術、3D 技術與語音互動技術融入經典藝術中。有了這一技術，古代的藝術大師和經典藝術作品中的人物全都被賦予了生命，能說會動，活靈活現。2 米多高的女神維納斯赫然顯現在殿堂當中，但如果張開雙臂去擁抱維納斯，則會撲個空，因為那只是女神在空中的全息影像。

在可預見的未來裡，元宇宙帶來的前所未有的資訊對話模式還將為社會文明與人文精神的可持續發展開闢新的空間。人類對社會交往和交互觀念的認識還將發生革命性的轉變，資訊互動的語境也將不斷擴展與轉型。

源於遊戲，超越遊戲

元宇宙的發展正醞釀著下一場技術革命,但正如過去每一次技術革命一樣,在技術革命全面到來之前,定會有一個先導產業爆發式增長,進一步帶動其他要素發展,促進相關產業的發展。比如,第一次工業革命從紡織工業開始變革,進一步推動了冶金工業、煤炭工業、機器工業和交通運輸業的發展。

當前,元宇宙也正在尋找一個行業爆發奇點,以實現「滲透率提升 —— 商業收益提高 —— 激勵生態發展 —— 滲透率持續提升」的螺旋上升。其中,遊戲作為集成了更加沉浸、即時和多元化的泛娛樂體驗,正在成為元宇宙行業奇點,推動元宇宙加速發展。

5.1 遊戲的藝術

自古以來，遊戲就作為一種複雜的活動，在人類社會中發揮著多種多樣的功能。在古希臘時代，遊戲就已經成為哲學討論的範疇之一。柏拉圖、蘇格拉底、亞里斯多德、芝諾芬尼都探討了遊戲的意義，並將它們作為人類思想體系的一部分。這些哲學家從哲學的高度鑒別了能夠幫助瞭解世界和人類作用的大量遊戲形式，提供了遊戲理解的三條途徑：競爭、模仿和混亂。

古人對遊戲的思考是與他們信仰的「神」直接聯繫的，體現著人神之間的關係，或者說是神對人的直接引導和控制作用以及人對神的崇拜。例如，競爭遊戲中的獲勝方被認為是得到了神的恩賜；表演或戲劇是一系列模仿神的活動，是為了取悅神，做神可能想做的事情，拉近人神之間的距離；投機遊戲是神為遊戲者引導方向，為遊戲者做出的選擇。而這些關於遊戲的最原始的思維方式，到今天都仍影響著我們對遊戲的思考，並推動遊戲發展進入一個更深刻和廣博的世界。

◉「玩一場遊戲」

舒茨在《蚱蜢：遊戲、生命與烏托邦》中創造性地提出了「玩一場遊戲」的概念，即「自願克服非必要的障礙」。

拆解來看，「自願」即所謂遊戲態度；「克服」需要對應的遊戲方法；「非必要障礙」也就是遊戲規則。最終，用「自願」

的遊戲態度「克服」了遊戲規則下的非必要障礙，也就完成了「遊戲目標」。而「玩一場遊戲」就好像是一個巨大的隱喻，映射著我們的現實生活和每一個人的人生。

對於最終的遊戲目標，舒茨認為任何遊戲都有既定目標，這個目標是一種「狀態」。如果是打乒乓球，目標就是將球打過網；如果是四百米賽跑，目標便是從起點跑到終點；如果是西洋跳棋，目標就是吃掉對手的所有棋子。這些目標是遊戲本身無關，指的是事物的狀態。

有了遊戲目標後，就需要有達成這種目標的遊戲方法，但遊戲方法卻並不總是有效的，比如，打乒乓球或四百米賽跑中，干擾其他選手或搶跑以實現目標，就不能被看成是較為「有效」的方法，或者說這不是贏得比賽的方法。而「無效」的方法也往往是社會之混亂和法律之必要的原因。這意味著，我們需要關注的是：在遊戲中，被允許使用的能夠幫助自己獲勝的方法。而這一方法，也就是遊戲方法，是被允許使用的能夠達成遊戲目標的方法。

接下來的問題就變成了「什麼能夠限制遊戲中的方法使用」？答案顯而易見，即遊戲中的規則。一場遊戲規則的作用，是對某些特定的達到前遊戲目標有效方法的禁止。

還是那一場乒乓球賽，在一場乒乓球賽中，干擾對手很有效，但是卻是會被禁止的。如果要跑四百米，穿過操場直奔終點，甚至開個飛機飛過去；再比如李世乭要贏得 AlphaGo 最好的辦法就是把電源拔掉；再比如，在剪刀石頭布的遊戲

中總是慢出，這很有效，當然也是被禁止的。這些規則以及所明確好的遊戲前目標，共同構建好了玩一場遊戲所必須符合的所有條件，也被人們稱之為建構規則。

這也是千百年來人類文明的偉大之處。要先發明圍棋，制定規則，鑽研玩法，定義什麼是好的什麼是不好的，付之文化和暗喻。最重要的是，要能使其他人類感興趣並且覺得意義重大，才有 AlphaGo。也就是說，重要的是賦予規則重要性的能力。就像一片土地，當人們劃出邊界，才產生價值，而土地本身是沒有價值的。

在觀察許多遊戲的規則中可以發現，建構規則總是將那些最簡單、有效、容易、直接的方法排除在外，而更加偏好複雜、有難度的方法。所以，建構規則限制了人們使用最有效達成前遊戲目標的方法，鼓勵去使用「更低效」的方法去完成遊戲。也就是說，我們所進行的遊戲是在約束條件下進行的，而在約束條件下如何去實現最終的遊戲目標，則需要玩家的探索和博弈。

有了最底層、最基本的建構規則，有時在這種規則之上還會延伸出其他規則，例如帶有懲罰性質的規則，例如籃球場中的防守三秒，違反了這個規則不會讓遊戲無法進行，只是會帶來懲罰。當然，這種規則僅僅是建構規則的延伸。

在遊戲的系統裡，從遊戲目標，到實現遊戲目標的方法，再到限制方法的遊戲規則，搭建好了整個遊戲進行的邏輯，構建著遊戲的世界。而映射到現實生活中，這依然有效。

在某種意義上，現實世界可以被看做為一個規範化的系統。這個被規定的系統像一條條有分支的岔路，不同的岔路對應著每個人不同的目標，人們透過做出選擇來前進，不同的選擇行動會導致不同的結果。顯然，這些選擇是有意義的。儘管我們只能在規定下享有「有限的自由」，但正是這些「限制」讓我們的選擇變得有意義。

▶ 從遊戲機制到現實規則

無論是遊戲世界，還是現實世界，其都遵循著目標、規則和方法的平衡統一。即在有了目標後，建構規則從底層搭建好了整個世界進行的邏輯，不同的規則會帶來不同的約束與懲罰，從而衍生出不同的達成遊戲目標的遊戲方法。為了更好地平衡遊戲目標、方法與規則這三者的關係，則需要一套系統的機制進行調節。

值得一提的是，機制與規則並非重複的一件事。「機制」一詞源於希臘文，原指機器的構造和工作原理：

* 一是機器由哪些部分組成和為什麼由這些部分組成。
* 二是機器是怎樣工作和為什麼要這樣工作。

把機制的本義引申到不同的領域，就產生了不同的機制。從管理機制到社會機制，從生物機制到遊戲機制，不管是何種領域的何種機制，都是以一定的運作方式把事物的各個部分聯繫起來，使各個部分得以協調運行而發揮作用。從這個角度來說，機制基於所存在的內容誕生出的一套平衡體系。

在遊戲中，機制更多的是起到輔助規則，與規則互補，使得玩家在遊戲過程中有更好的遊戲體驗的作用。例如，獎懲機制，就是在遊戲規則這種情況下的一種補充，以增強遊戲的可玩性。此外，規則對所有玩家都是公開、一致的，而遊戲機制卻並不一定公開。或許大多數有過遊戲體驗的人都知道，遊戲機制允許隱藏。例如，在遊戲過程中玩家處於劣勢時，遊戲可能會自動降低遊戲難度，以提高玩家的參與感，這都反映出了機制在這個過程中的協調與平衡作用，更重要的是能夠增強玩家的體驗感。

終於，玩家在與該遊戲的交互過程中，誕生了玩法。而映射到現實生活中，不同的「玩法」下，是每個人不同的生活。事實上，讀書也好，走遍世界也好，成為一個匠人也好，在遊戲思維來看，都是一種玩法。這種玩法令人長時間的去認識現象，然後慢慢深入。現象是無窮無盡的，因而認識這個現象與認識那個現象之間並沒有高低之分。意識到這一點，人們就能對很多事物產生興趣，因而在生活裡經常獲得一種遼闊。

這個時候，遊戲機制就完成了對現實規則的過渡。這就是為什麼虛擬的遊戲會對現實的生活具有如此重要意義的原因。因為從這一角度來說，現實生活也可以成為一場遊戲。在目標、規則和方法的動態平衡下，每個人都在這其間尋找自己的生存方式。在這樣長期的博弈過程中，也許會誕生出更創新的機制，一次一次打破我們對世界邊界的認知。這當然不是人生創新的盡頭，人類不會滿足於已有的這些遊戲機制。

相反，我們會突破現有遊戲機制的束縛，尋找更多的遊戲元素，為玩家們帶來更新的遊戲體驗。

當然，在網際網路未誕生以前，人們只能在物理空間內進行有限的遊戲活動。資訊技術的飛躍式發展，卻把人類社會推進了一個虛擬的空間。從接機時代到主機時代，再到手機時代，電子遊戲開始以互動的方式去傳遞其中承載的內容。玩家則通過體驗遊戲從中獲得各種情感體驗，每個人在遊戲中都會產生各自的解讀思考以及逐漸累積起來的情懷，並產生與他人分享的動力。

不論是疫情期間爆紅出圈的《瘟疫公司》還是 2020 年熱門的《動物森友會》，抑或越來越多的手機遊戲，當剝離了所有的美學表現、技術實現和故事設定後，觀察虛擬遊戲與現實世界的交互和關聯時，人們終於發現──虛擬遊戲不是現實世界，卻源於現實世界。遊戲源於現實世界，更啟發現實世界。「遊戲人生」，這句話其實比我們以為的要深刻得多。

5.2 遊戲是元宇宙的呈現方式

得益於技術的發展，電子遊戲也經歷了風雲的變幻。從誕生時粗糙的模擬，到讓人們擁有上帝創世的能力。如今，在各類強平台上，玩家們終於有了一覽星際飛船、魔法和怪物的機會。遊戲公司們也深知玩家們想要什麼，他們將數學、美學、心理學、和美術融入電子遊戲之中，試圖帶給玩家無比強烈的體驗。

於是，在遊戲越來越模擬現實和延伸現實的過程中，在遊戲得以提供更為沉浸、即時和多元的體驗時，遊戲也成為最靠近元宇宙的概念的存在。遊戲的內容生產構建了元宇宙內容基礎；遊戲的技術反覆運算提供了元宇宙技術體系的支撐，遊戲的商業化路徑，也成為了元宇宙先導行業爆發的突破所在。

🔵 電子遊戲之發展風雲

1946 年，世界上第一台電腦埃尼阿克在美國誕生。僅僅十二年之後的 1958 年，紐約的 Brookhaven 國家實驗室就出現了世界上第一台以電晶體作為顯示器的遊戲《PONG》。無聊也是一種生產力，在電腦出現後，許多電子工程師閒暇之余做出的具有交互性的小玩具就是電子遊戲的原型。

很快，人們就發現了這樣新式的電子娛樂有巨大的前景。幾乎沒有人不被這樣的遊戲吸引，在發現擺出的 PONG 遊戲機

比國家實驗室的內容更讓人們感興趣後，開始有越來越多的人嘗試製作有趣的電子遊戲。終於，布希納爾創造了第一款商用遊戲《Space War》。

不久後，布希納爾又成立了後來大家熟悉的雅達利，而在雅達利賺的盆滿缽滿後，大洋對面的日本任天堂也嗅到了巨大的商機。原先是玩具廠的任天堂在山內溥的敏銳嗅覺下轉而做起了電動玩具的生意，而正是任天堂的加入才在真正意義上讓遊戲走進千家萬戶。

任天堂使用卡帶來作為介質的這一創新，完美地整合了軟硬體之間的關係，也為後來的遊戲銷售打下了基礎。電腦技術的發展反映在電子遊戲上格外地明顯，記憶體的擴大、電腦圖形技術的發展都能直觀地表現在遊戲的畫面上。

在技術支持下，遊戲產業迅速被世界接受。遊戲爆炸的年代，越來越多的公司也加入到遊戲行業。8 位元機之後的 16 位元機時代，SEGA 公司也加入了進來。再後來的 32 位元機，索尼以及它的 PlayStation 和微軟的 XBOX 也走向了遊戲 3D 化之路。

PS 的出現為遊戲界注入了新鮮的血液，在 PS1 取得的巨大成功讓所有人都期待它的後續機種。2000 年時 PlayStation2 發售，這台歷史上最為暢銷的遊戲主機，共售出超過一億五千萬台。並且，電腦記憶體和圖形計算能力的幾何數級增長讓遊戲開發者能有更大發揮想像的空間，遊戲也開始向著第九藝術進化。

21 世紀初，端游進入黃金發展時期。韓國、歐美等外國經典遊戲不斷進入中國市場，中國自研大型網遊如《夢幻西遊》等也持續湧現。2007 年左右，在網路寬頻和 Flash 技術的發展應用下，簡單便捷的頁遊逐漸興起。玩家群體進一步擴大，遊戲類型持續擴充，2010 年端游發展達巔峰。

隨著智慧手機的普及、網路傳送速率的提高和使用者時間碎片化等，2011 年手遊逐漸興起，2013 年進入快速發展時期，驅動中國遊戲產業持續增長。據中國音數協，2020 年中國遊戲市場收入達 2,786.87 億元，同增 20.71%，其中手機遊戲已達到 2,096.76 億元。

網路遊戲通過科學與技術對現實中的遊戲進行模擬，方便人們在現實遊戲條件不足的情況下也能獲得類似的體驗。基於此，網路遊戲成為一場安全的冒險。畫面的高度擬真加上操控的實感就會讓每一位玩家不知不覺地認同自己通過遊戲中的替身，親身在遊戲的世界中生存。這也是為什麼好的遊戲通過對幻覺的創造，如今已經很明顯達到了藝術品的水準。

人們可以在《最後生還者》之中體驗莎士比亞級別的動人故事；在《奧日與精靈意志》中欣賞亦真亦幻的水彩畫；還在《女神異聞錄 5》中享受動感節律帶來的快樂。人們甚至能在遊戲中發明點行為藝術，日本像素畫藝術家 BAN-8KU 就將畫展開在了自己的《動物森友會》遊戲中。

對比端遊、頁遊及手遊，在終端硬體升級支援下，遊戲產業的持續發展為用戶提供更加便捷的遊戲體驗方式，更加豐富的遊戲玩法以及更加細緻精美的遊戲內容。

◉ 元宇宙是遊戲的進一步延伸

從遊戲的發展就可以看到，遊戲作為基於現實的模擬而構建的虛擬世界，其產品形態本就與元宇宙具備一定相似性。相較於遊戲，元宇宙則是一個在現實世界基礎上的持久穩定的即時虛擬空間，擁有大規模的參與者，在虛擬空間中可以完成現實世界的幾乎所有行為，擁有公平的閉環經濟系統，同時使用者通過內容生產可以不斷豐富和拓寬虛擬空間邊際。可以說，遊戲是元宇宙搭建虛擬世界的底層邏輯，元宇宙則在遊戲的基礎上進一步延伸。

首先，遊戲和元宇宙均打造了一個虛擬空間。其中，遊戲通過建立地圖和場景打造出一個有邊界的虛擬世界。比如，遊戲《GTA5》就為玩家打造一張洛聖都大地圖，並且通過精細化場景為玩家提供豐富的探索自由度；AR 遊戲 PokemonGO 則基於現實世界場景打造出了一個寶可夢世界供玩家探索。然而，無論是開放世界遊戲還是基於現實場景的 AR 遊戲，這些都是元宇宙展現方式的基礎，而元宇宙還需要在遊戲架構的基礎之上打造出一個邊界持續擴張的虛擬世界，用來承載不斷擴張的內容體量。

其次，遊戲和元宇宙均給予用戶對應一個虛擬身份，個性化打造形象，並基於該虛擬身份進行娛樂、社交、交易等一系列操作並形成一系列社交關係。騰訊的《天涯明月刀手遊》就透過個性化捏臉打造形象。同時，遊戲和元宇宙還通過豐富的故事線、與玩家的頻繁交互、擬真的畫面、協調的音效

等構成一個對認知要求高的環境，使玩家必須運用大量腦力資源來專注於遊戲中發生的事，從而產生所謂「沉浸感」。

最後，遊戲引擎是元宇宙打造高沉浸度和擬真度的虛擬世界的必需能力。元宇宙作為超大規模即時交互的超級數位場景，處理其高度擬真和豐富信息量的特性需要多種能力，並且這種能力需要以高效率、工具化的形式提供給開發者和內容創作者。因此，遊戲引擎還需要在發展中不斷突破次世代技術能力，實現更加擬真的效果。

目前，遊戲行業內常用的虛幻 4 和 Unity3D 引擎已經實現 PBR 物理光照模型、SSS 材質、GPU 粒子等高級功能。當然，遊戲引擎仍在向著更強大、更易用的趨勢發展。以虛幻 5 引擎為例，作為跨世代的引擎反覆運算版本，極大地優化了開發的工作流，實現數倍的渲染效率提升效果。未來，隨著引擎能力的持續升級，更強大的擬真表現力和更加易用的引擎將有望推動元宇宙加速發展。

🔘 從內容起步，角逐元宇宙

當前，遊戲手機化、精品化、全民化趨勢已經顯現。但是，作為元宇宙的初級形態，單體遊戲在沉浸感、自由度和內容衍生相比元宇宙仍有較大提升空間。其中，內容衍生具有更重要的意義。究其原因，元宇宙的起點不是平台，而是可以獨立成篇、自我反覆運算、多維立體地吸引用戶參與體驗甚至參與創作的內容。

搭建元宇宙需要從內容起步，從內容走向平台，把小宇宙膨脹成大宇宙，而不是一上來就拉開搭建平台的架勢，試圖憑空創造一個無邊無垠的宇宙。因此，為了實現從遊戲向元宇宙的躍遷，不同的遊戲大廠則採用了不同的路徑，包括完全自生產（PGC）、自生產＋二次創作（PUGC）以及玩家生產（UGC）。

完全自生產的遊戲以廠商自建平台所有內容，玩家參與互動為特點，為用戶提供高沉浸度和自由度的探索體驗。以 Take-Two 旗下經典遊戲 GTA5 為例，遊戲試圖打造一個虛擬城市，一個細節豐富且高度自由的大地圖「洛聖都」。玩家在推進主線劇情的過程中可以自由探索城市的細節，參加一系列非線性的支線任務、駕駛改裝載具街頭競速以及一系列現實世界中無法完成的操作等，通過模擬真實城市場景和高自由度的探索為玩家帶來強大的沉浸度。

根據 Take-Two2020 年報資料，GTA5 的全球累計銷量目前已經突破 1.45 億份，得到廣大遊戲用戶認可。此外，完全自生產的遊戲還包括 CDPR 推出的端遊《巫師》系列和米哈遊推出的手遊《原神》等，同樣取得良好的市場表現和遊戲口碑。可以預見，隨著未來遊戲引擎能力的持續升級，元宇宙有望實現更加高效的渲染效果和場景細節豐富度，且元宇宙預計也將擺脫常規的地圖邊界，實現一個徹底的開放世界。

自生產＋二次創作的遊戲則以類「超市」的形式展開，既有自由，也有外部產品。以 Mgjang Studio（2014 年由微軟收

購）所打造的 Minecraft 為例，其創作具備弱中心化，以及基本故事性和高自由度，平台使用者共同生產內容。

玩家可以在隨機生成的 3D 世界中去探索、交互，通過採集礦石、與敵對生物戰鬥、合成新的方塊與收集各種在遊戲中找到的資源的工具。同時，它還允許玩家在多人／單機模式下進行創造建築物、作品與藝術創作，並且通過紅石電路、礦車及軌道實現邏輯運算與遠端動作。Minecraft 充分的自由創作空間也因此吸引了大量玩家。根據網易《我的世界》官網資料，目前遊戲手遊和端遊玩家合計超 4 億人，並且擁有超過 5 萬的優質創意資源。

玩家生產的遊戲由平台提供 marketplace，所有玩家可以自由生產交易。Roblox 是最具代表性的玩家生產的遊戲，其提供簡潔實用的創作工具，幫助內容創作者產出豐富有趣的 UGC 遊戲內容，吸引玩家來到平台遊玩，用戶通過自訂形象、社交和豐富的遊戲內容而沉浸在 Roblox 平台中。近年來公司加速發展，成為風靡全球青少年群體的線上遊戲平台。

5.3 Roblox：基於 UGC 生態，拓展元宇宙邊界

2021 年 3 月，開放式遊戲創建平台 Roblox 上市，成為「元宇宙第一股」，首日股價大漲 54%，市值突破 400 億美元，較一年前的 40 億美元估值暴增 10 倍。隨後，一連串相關的融資和戰略加快部署，元宇宙成為資本市場和科技企業裡最炙手可熱的概念之一，大有開啟「元宇宙元年」之勢。

沙盒遊戲領導者

備受資本青睞的 Roblox 位於加利福尼亞州聖馬特奧，成立於 2004 年，最初從兒童教育起家，後來成為了一家沙盒遊戲公司。沙盒遊戲，由沙盤遊戲演變而來，自成一種遊戲類型，通常遊戲地圖較大，往往包含多種遊戲要素，包括角色扮演，動作、射擊等。創造是該類型遊戲的核心玩法，利用遊戲中提供的物件製造出玩家自己獨創的東西，改變或影響甚至創造世界。沙盒遊戲大多無主線劇情，普遍以玩家生存為第一目標，探索和建設為第二目標，最後改變世界達成某項成就為最終目標。

從發展歷程看，Roblox 先後經歷三大發展階段，透過用戶端主體更新、開發平台端反覆運算及經濟體系升級實現產品端突破，加速商業化及國際化進程。

在 2004-2012 年的第一階段裡，Roblox 初步搭建了平台及社區架構。公司於 2004 年由 DavidBaszucki 及 Erik Cassel 創立。創始人曾創辦過類比物理實驗教學軟體公司 Knowledge Revolution。這使得 Roblox 具備一定「自建實驗」的基因，也奠定了其 UGC 屬性。在這一基礎上，公司初步搭建起平台架構，在 2006 年推出第一版 Studio 及測試版用戶端，並於 2007 年推出虛擬貨幣 Robux 以建構內部經濟系統。

2013-2015 年是第二階段，Roblox 開啟商業化進程，持續反覆運算引擎。公司商業化的典型標誌是 2013 年引入創作者交易計畫，開發者可通過微交易、遊戲內銷售虛擬商品等方式來獲得 Robux，這一轉變使用戶及開發者兩端貫通。此外，公司亦持續反覆運算引擎並完善基礎設施建設，於 2014 年內建立首個資料中心，並加強全球伺服器架構。

2016 年至今是第三階段，即 Roblox 加速商業化與國際化，持續完善引擎與社區建設。隨著 Roblox 在 2016 年接入 Xbox 及 Oculus，公司基本完成 PC、行動、主機及 VR 等設備終端跨平台佈局。在此基礎上，公司一方面加速商業化，於 2019 年推出 Premium 付費會員制，並上線 Avatar 虛擬物品交易市場；另一方面，繼續推動國際化，進入南美、俄羅斯等市場並與騰訊成立合資公司羅布樂思。

▶ 同名平台 Roblox

Roblox 旗下的同名產品 Roblox 則是一個提供線上遊戲和遊戲創作的平台，在 2006 年正式推出。遊戲中的大多數作品都是使用者自行建立的。在遊戲中玩家也可以開發各種形式類別的遊戲，實現了一個遊戲多種玩法。Roblox 提供簡潔實用的創作工具，幫助內容創作者產出豐富有趣的 UGC 遊戲內容，並吸引玩家來到平台遊玩。用戶透過自訂形象、社交和豐富的遊戲內容而沉浸在 Roblox 平台中。

Roblox 主要針對兒童和青少年群體，旨在網路中提供一個適合青少年創作和遊玩遊戲的場所。其中，Roblox 創始人 David Baszucki 和 Erik Cassel 以「遊戲 + 教育」為出發點的早期創業經歷為 Roblox 在青少年群體中受到歡迎奠定了基礎。

2020 年全年 Roblox 9 歲以下 / 9-12 歲用戶占比分別達到 25%/29%，13 歲以下用戶合計 54%，用戶構成較為低齡化。但是，平台用戶持續向更高年齡端滲透，2020 年 13 歲以下 / 13 歲及以上群體 DAU 同比增長率分別為 72%/106%，較高年齡段群體占比正在逐漸提升。

Roblox 產品包含使用者共有的虛擬體驗平台 Roblox 用戶端、Roblox Studio 和 Roblox Cloud。Roblox 用戶端是允許使用者探索 3D 數位世界的應用程式，Roblox Studio 是為開發者和創作者構建的工具集，允許開發者創造、發佈和運營 3D 體驗和能夠通過用戶端存取的其他內容，Roblox Cloud 則包括為 Roblox 的用戶共同體驗平台提供支援的服務和基礎設施。

🔵 Roblox 用戶端：沉浸式體驗

Roblox 用戶端在多個設備上為玩家提供一致的、沉浸式虛擬形象，打造極強的代入感和身份感。Roblox 內置 Avatar Editor 形象系統，支援玩家修改、設計、創造其虛擬身份的肢體形象、服飾、動作等特徵，玩家也可以從商店中購買已經設計好的特定形象。AvatarEditor 為玩家提供極大的自由度以個性化其形象，Roblox 會在各個設備中適配玩家已經設定的形象，確保在絕大部分遊戲體驗中保持玩家形象的一致性。

此外，Roblox 平台既有槍戰、格鬥、跑酷等傳統玩法的遊戲，也有很多很難用約定俗成的品類來定義的遊戲。比如，在《Adopt Me!》中可以領養孩子或者寵物，通過照顧他們獲得資源裝修房屋及購買道具，和其他用戶交朋友、開派對，在《Robloxan High School》裡可以扮演皇家公主在學院上課，參加舞會等。

除遊戲外，Roblox 重點加注虛擬社交屬性，Roblox 不僅是個遊戲平台，同時也是個虛擬社交生活平台。平台擁有大量社交屬性遊戲。2020 年疫情期間增加了「查看附近玩家」、「線上會議」、「Party Place」、「虛擬音樂會」等玩法，進一步促進遊戲內虛擬社交活動的發展。

目前，Roblox 支持 iOS、Android、PC、Mac. Xbox 以及 Oculus Rift、HTC Vive 和 Valve Index 等 VR 設備。Roblox 確保玩家只需要接入網際網路就能夠以極低時延進入虛擬世界並開始與其他玩家的互動，Roblox 在多個設備上的相容、一致性以及用戶形象的個性化程度為玩家提供了極強的代入感和身份感。

Roblox Studio：多平台部署

Roblox Studio 是一個允許遊戲開發者和虛擬物品創作者構建、發行和運營 3D 體驗和其他內容的工具平台。Roblox Studio 兼具低成本、易使用的特點，平台社區為開發者提供了強大的支援，有效降低了遊戲開發的門檻。

Roblox Studio 的主體本質是一個開放的遊戲引擎。遊戲引擎是指一些已編寫好的可編輯電腦遊戲系統或者一些互動式即時圖像應用程式的核心元件。這些系統為遊戲設計者提供各種編寫遊戲所需的各種工具，其目的在於讓遊戲設計者能容易和快速地做出遊戲程式而不用從零開始。遊戲引擎包含以下系統：渲染引擎（包含二維圖像引擎和三維圖像引擎）、物理引擎、碰撞檢測系統、音效、腳本引擎、電腦動畫、人工智慧、網路引擎以及場景管理等。

Roblox 使用 Rbx.lua 語言，完全免費且學習成本極低。Roblox 的前後端開發語言都是 lua，學習成本很低。引擎本身已經包含了很多功能，例如背包、聊天、隊伍等系統，開發者可以直接使用這些功能。Roblox 在用戶端與伺服器上都有很完善的框架，開發者在不瞭解複雜遊戲框架的情況下，也能快速上手進行開發。與市面上主流遊戲引擎 Unity、Unreal 等對比，Roblox 目前雖然畫質較為粗糙，但開發完全免費，自由度大，開發語言學習難度更低，更加適合打造 UGC 社區。

Roblox Studio 為開發者提供開發者中心、新手教程、社區論壇、教育者中心和資料分析工具等多方面支援。開發者中心

（Dev Hub）配套 API 庫、教程集合等多種實用資料。社區論壇是專為開發者提供的交流平台，提供關於平台新功能、社區活動、招聘機會、程式錯誤報告資訊與和 Roblox 員工直接交流的通道。教育者中心（Edu Hub）為正在學習程式設計的教師、學生和家長提供程式設計教程、3D 設計和社區規則的指引。所有 Roblox 的開發者都擁有一個展示其每日訪問量和賺取 Robux（平台虛擬貨幣）的儀錶盤。

除了遊戲創意與開發，Roblox Studio 還為開發者提供發行、管道等全套服務。區別於傳統的遊戲引擎，Roblox Studio 遊戲開發者只需要專注於遊戲創意和開發，平台能夠幫助提供資料後臺、運維容災、好友聊天、網路通信等服務和遊戲的發行管道。

龐大的開發者生態為 Roblox 平台提供了多元化玩法和不同題材的遊戲，滿足了玩家快速嘗試不同遊戲的欲望。2020 年，Roblox 平台的玩家平均每月會在 Roblox 平台上打開 20 款遊戲，合計體驗了超過 1300 萬款遊戲。從 Roblox 平台流水最高的遊戲品類上看，這體現了 Roblox 平台玩家對於不同玩法及題材均具有較高的接受程度。

在 Roblox 平台上流水最高的 15 款遊戲中，包括了非常多元化的品類。其中不但有 MMO、FPS 等主流品類，同時也包含寵物社交、跑酷等小眾品類。從題材上看，其中不僅有針對平台主要低齡兒童玩家的校園、寵物題材，也有針對非低齡玩家的動漫題材。

▶ Roblox 雲：即點即玩

Roblox 擁有基於自有基建的雲端架構。Roblox Cloud 運營的大部分服務都託管在 Roblox 託管資料中心，對於一些高速資料庫、可擴展物件儲存和訊息佇列服務以及需要額外計算資源時，Roblox 使用 Amazon Web Services。所有負責為 Roblox 用戶端模擬虛擬環境和傳輸素材的伺服器均歸 Roblox 所有，並且廣泛分佈於北美、亞洲和歐洲的 21 個城市的資料中心。Roblox 的資料中心分佈廣泛，具有較強的容災能力。

據 Portworx 報導，Roblox Cloud 採用基於自有基建的混合雲端架構，Roblox 自有資料中心與邊緣計算節點向外連接使用者和部分 AWS 外部雲端服務。 即點即玩，有望實現全球同服。Roblox Cloud 支援客戶在不同設備上快速開啟體驗，用戶點擊遊戲後用戶端將以較低細節程度立刻開始模擬和渲染虛擬世界。隨著用戶接收到更多的高細節素材，體驗的保真度逐漸增加。

Roblox Cloud 透過分佈於不同地區的節點網路傳輸素材，調整素材的格式、細節度和優先順序以優化用戶端可用的頻寬和功能。目前所有虛擬環境的模擬均在 Roblox 自有的伺服器執行。公司招股書披露目前支持數百萬人同時線上，隨著未來伺服器能力的進一步提升，有望實現全球同服。

元宇宙的第一股

2021 年 3 月 10 日，Roblox 成功通過 DPO 直接上市方式登陸紐交所，上市首日公司股價收漲 54%。基於現象級的內容創作生態帶來的遊戲自由度和出色的用戶活躍度，Roblox 也成為現階段公認的元宇宙雛形。Roblox 是第一個將 Metaverse 寫進招股說明書的公司，這種全新的敘事引爆了科技和投資圈，也引發了玩家無限的想像。

首先，Roblox 開發者社區活躍，創作者激勵充分。截至 2020 年，共有 127 萬人通過在 Roblox 開發遊戲獲得收入，845 萬個遊戲獲得了玩家的訪問。其中 3 位開發者獲得了超過 1000 萬美元分成，272 個遊戲參與市場超過 1000 萬小時，頭部效應初顯。同時，Roblox 仍然能夠滿足玩家的長尾需求，Top1000-Top50 的中腰部遊戲總計參與時間占總參與時間的 34%，Top1000 以外的長尾需求占總時長的 10%。Roblox 遊戲內容豐富，內容更新反覆運算活躍，據公司招股書披露，2015-2020 年期間排名最高的一批遊戲中，1/2 於前兩年製作，1/3 於當年製作。

創作者能夠在平台上通過售賣體驗（遊戲）和內購、基於用戶參與度貢獻的創作者獎勵、向其他開發者銷售開發工具和內容、在虛擬物品（裝飾、動作等）市場上出售商品等方式獲取收入。創作者賺取的收入將留存在其虛擬帳戶上，滿足一定條件的開發者將能夠通過開發者兌換專案（Developer Exchange Program）獲取美元收入。2020 年，共有 4300 名開發者通過該項目獲取了 3.29 億美元收入。

其次，Roblox 擁有大量社交屬性遊戲，社區氛圍濃厚。Roblox 遊戲多數較為輕度，遊玩門檻較低，一般用戶均可參與，在手機、電腦等多端設備均可即點即玩。遊戲強調與線上線下朋友即時互動，具有濃厚的休閒社交氛圍。

根據 Bloxbunny 統計，截至 2021 年 6 月 15 日的 30 日內訪問量前五的遊戲中有三款均為社交 MMO 遊戲。排名第一的 BrookhavenRP 同時線上人數達到 39.57 萬人。Roblox 平台本身也具有強社交屬性，玩家在各個遊戲中擁有一致的虛擬形象，能夠加好友、聊天，同時開設「一起玩」、「PartyPlace」等新社交形式，豐富平台社交體驗。

最後，Roblox 已經形成由活躍的開發者生態和用戶生態帶來的飛輪效應。公司致力於打造優質 UGC 遊戲平台，活躍的開發者社區增強了平台對於用戶的吸引度和粘性，更多的用戶在平台遊玩消費並為內容創作者帶來豐厚的收入從而激勵更加活躍的開發者生態，形成飛輪效應。此外，平台社交屬性強同時使用者活躍度高，通過強大的社交關係保持了較低的獲客成本和極強的社區粘性。

2019 年以來，公司行銷費用率呈下降趨勢，但日活躍用戶數量（DAU）同比保持快速增長，表明平台獲客並不依賴於廣告行銷，更多依靠口碑與社交自然增長。據 Broadband Search 報導各大社交媒體的單日活躍用戶使用時長均在 20-60 分鐘，而 2021Q1Roblox 單日活躍用戶使用時長達到 153 分鐘，展現了極強的用戶粘性。

5.4 Axie Infinity：構建元宇宙閉環經濟系統

Axie Infinity 是一款基於乙太坊區塊鏈的去中心化回合制策略遊戲，玩家可以操控 NFT 小精靈 Axies 的數位寵物，進行飼養、戰鬥、繁殖及交易。區塊鏈遊戲將遊戲中的數位資產化為 NFT，憑藉區塊鏈技術不可篡改、記錄可追溯等特點，記錄產權並確保真實性與唯一性，遊戲資產交易不再依靠公司平台也有安全性保證。Axie Infinity 中每一隻小精靈 Axie 均為一個獨特的 NFT，所有權及交易記錄均在鏈上公開顯示。

通過構建完整的「在乙太坊購買 NFT 小精靈開始遊戲 —— 遊戲內活動、對戰等獲得 SLP 幣 —— 使用 SLP 幣升級養成 NFT 小精靈或出售 SLP 幣 —— 出售 NFT 小精靈」的玩家進入和退出的遊戲模式，並輔以遊戲外的 AXS 幣、交易所、社區共同基金等設計，Axie Infinity 得以成為第一款建立在 NFT 上取得大量營收的遊戲產品。

🔘 ETH、SLP、AXS

Axie Infinity 生態中目前涉及 3 種核心 NFT 代幣：ETH、SLP、AXS。

AXS 作為 Sky Mavis 發行的數位貨幣，代表了整體 Axie 宇宙，也構成了 Axie 宇宙玩家間交互的最基本貨物。在遊戲內，玩

家透過交易、Axie 宇宙遊戲獲得 AXS，透過遊戲與培養寵物花費 AXS。在遊戲外，持有 AXS 的玩家可以投資 Axie 社區共同基金並且根據份額獲得對遊戲決策的投票權以及遊戲提供的收益。因此，在這一經濟體系下，AXS 形成一個完整的閉環經濟系統。遊戲收益不再被開發商壟斷。AXS 的總發行量為 2.7 億枚，且永不增發。其中，20% 用於玩耍賺錢，29% 用於質押獎勵。

▶ 打造平衡的 Axie 宇宙

育成系統是 Axie 宇宙完成閉環的重要節點。玩家能用 2 只 Axie 配對繁殖出新的 Axie，它的屬性根據父母基因隨機而定。但是，每只 Axie 只有 7 次繁殖機會，這也會成為影響出售價格的因素。每只 Axie 都有 4 個基本屬性，屬性偏重的不同決定了該只 Axie 在戰鬥中的屬性。另外，每只 Axie 由 6 個部位組成，它們決定了能夠使用的技能卡牌。這些部位被 3 個基因控制，分別是顯性基因 D、隱性基因 R1 和次隱性基因 R2。

複雜的遺傳系統配合遺傳次數限制與繼承的隨機性，大大提高了育成一隻完美 Axie 的難度。複雜的屬性與技能搭配，讓 Axie 之間產生了變化，也讓玩家有了不斷向上提高的空間。而當一隻 Axie 育成次數耗盡，也意味著過去在他身上投注的資源付諸東流。

育成系統中，SLP 代幣的出現其實讓遊戲形成了閉環，SLP 有產出管道，也有消耗管道，且可以交易。這就為廣大普通用

戶提供了賺取收入的管道，因為任何一個新 Axie 的誕生都需要消耗 SLP，且繁殖次數越多消耗量越大，對於基因比較好的 Axie 來說，後期繁殖時的消耗量將會比較可觀。新 Axie 的不斷誕生，為新玩家的進入提供了豐富的可選 Axie，且屬性不錯的 Axie 一般都不便宜。這為不斷誕生新的 Axie 提供了動力，也為不斷消耗 SLP 提供了動力。

此外，戰鬥機制則為 Axie 宇宙增加了玩法多樣性，是玩家主要的盈利場景。遊戲最重要的收益來源於遊戲的 PVE/PVPI 每日任務。玩家通過 Axie 戰鬥獲得 SLP 獎勵，進而投入 Axie 繁殖。Axie Infinity 中的遊戲資料相對平衡，戰鬥牌組由 3 個 Axie 的 12 張技能牌組成。起始手牌有 6 張手牌和 3 點能量，之後每回合抽 3 張牌，增加 2 點能量。

同時，在對戰過程中根據不同的戰局環境，判斷具體應該使用什麼特效也非常關鍵。每回合較多的抽卡數量與不棄牌的機制，最大程度上減少了戰鬥過程中的隨機性，更考驗玩家卡組技能配置的合理性與針對性。相較於過往完全側重於交易屬性的區塊鏈遊戲，Axie Infinity 明顯提升可玩性。交易人群不再局限於相互轉手牟利的玩家，還包括真正想要收集強力 Axie 用於對戰的玩家、進一步增強了資產的保值性與交易市場的活力。

官方統計顯示，Axie Infinity 市場近 30 日內交易了 170 萬次，總交易額達到了 10.4 億美金，遠遠超出其他所有同類遊戲，平均每只 Axie 的售價達到了 611 美元。在交易過程中，Axie Infinity 收取 4.25% 的稅，這也是遊戲第二大收入來源。

在官方的市場上可以直接購買 Axie，目前顯示的待售總數為 229443 個，可以通過左側的篩選框選擇不同種類的 Axie 進行購買，不同種類的 Axie 具有不同的特性，需要進行合理的搭配。

▶ 區塊鏈遊戲中的 Top1

在平衡的 Axie 宇宙下，Axie Infinity 穩居鏈遊 TOP1，碾壓頭部傳統遊戲，月收入高歌猛進。AxieWorld 資料顯示，Axie Infinity2021 年 8 月收入達 3.64 億美元，較 7 月收入 1.96 億美元環比增長逾 85%。其 8 月收入僅次於乙太坊，後者收入為 6.7 億美元，穩居鏈遊 TOP1。同時，Awie Infinity 的成功也標誌著區塊鏈技術在遊戲領域實現商業化突破，其月收入已經遠超全球遊戲收入榜——王者榮耀的 2.31 億美元（7 月）。

Axie Infinity 直接連結開發商與玩家，並且 95.75% 的收入通過代幣形式賦能到社區玩家，每一個玩家都能夠實現 Play-to-Earn。並且隨著遊戲的發展，玩家都可以享受到發展的紅利（社區投資基金），同時可以通過持幣投票（DOA 社區治理）。這一系列的機制創新極大程度上激勵了傳統的遊戲玩家向區塊鏈遊戲進軍。據 Axie Infinity Twitter 帳號，其日活躍用戶已經突破 100 萬。

除去遊戲業務外，遊戲開發團隊 Sky Mavis 目前的主營業務還包含三大類：區塊鏈遊戲孵化器、數位貨幣錢包以及乙太坊的側鏈 Ronin。

Lunacia SDK 是 Sky Mavis 承諾在 2022 年推出的玩家開發工具，它初步將作為一個地圖編輯器，玩家可以用素材來創建遊戲和其他體驗。從長期角度看，這是對 Axie 宇宙的重要補充，讓玩家從遊戲的體驗者更進一步轉變為未來內容的生產者，在 Axie 世界內實現全面交互。

Sky Mavis 在拓展生態合作方面也一直在堅持嘗試，為 Axie 積極拓展出圈的機會。在遊戲經濟系統設計上嘗試與 Defi 專案合作，將與實體貨幣直接掛鉤的穩定幣納入遊戲生態，極大提升了用戶的使用體驗。2020 年與三星區塊鏈錢包的合作，讓項目得到了更大的曝光。

目前，Axie Infinity 推出的整體生態環境，包括玩家投票權、社區基金控股遊戲以及 Lunacia SDK 等。按照遊戲開發團隊 Sky Mavis 在白皮書中預想的計畫，到 2023 年，開發團隊將會失去對 Axie Infinity 的絕對投票權。屆時，遊戲將會由持有 AXS 代幣的玩家掌控主導，完成去中心化。如果一切照常，這也將成為遊戲史上第一個完全去中心化，並且擁有自給自足生態系統的遊戲。

5.5 Fortnite：虛實交互走向元宇宙

當前，網際網路雖然建立在開放共通的標準上，但大多數巨頭比如 Google、Facebook、Amazon 等均抵制資料交叉和資訊共用，希望建立自己的壁壘從而圈定用戶，從而與元宇宙平台互通、內容共用的標準相違背。

顯然，要打造一個共用的宇宙，最重要的元素之一就是無障礙互通。就像各國之間的貨幣可以兌換，用戶在這一平台裡購買或者創建的東西需要無障礙轉移到另一平台並且可以使用。《要塞英雄》（Fortnite）作為一款大逃殺遊戲，就成功實現異端跨服以及與現實生活的交叉。

▶ 一個全新的社交空間

事實上，早在 2011 年，Epic Games 公司就在 Video Game Awards 大會上展示了《要塞英雄》，該遊戲由 Epic 的製作人 Ciffy B 和 Lee Perry 的團隊開發，起初是一款定位於破壞、建造和射擊的 PVE 遊戲，用以展示該公司同年推出的虛幻 4 引擎（UE4）的強大能力。在遊戲中，玩家必須熟練掌握遊戲內的建造技巧，更多地在白天從世界各地搜集優質建材來不停優化自己的堡壘，來抵禦並擊退黑夜降臨後一波又一波來襲的敵人。

6 年之後，也就是 2017 年 7 月 21 日，《要塞英雄》正式推出。除 PC 版本外，還在 PS4、Xbox One 兩大主機平台發佈，

售價從 39.9 美元至 149.9 美元推出了普通版、豪華版、超級豪華版以及限定版等多個版本。於是，憑藉吃雞、建造、社交等綜合玩法以及對年輕人喜好的準確把握，其在歐美地區迅速火爆，成為了現象級遊戲。在 2020 年 5 月官方的資料中，註冊人數已經突破 3.5 億。

從元宇宙的角度來看，一方面，《要塞英雄》獨具平台互通與內容共用；另一方面，《要塞英雄》也實現了虛擬與現實世界交互。Epic Games 成功說服各主要的遊戲平台允許《要塞英雄》跨平台運作，各個版本中的規則、競技功能和畫風沒有差別，手遊端用戶可以與 PC 端或主機玩家一起玩，玩家在另一個的平台登錄時還可以使用其他版本中已有的皮膚或道具。

《要塞英雄》另一個亮點是讓各種現實生活中的 IP 同地同時上線，進一步模糊遊戲和現實的界限。正如顛覆童話的美劇《童話鎮》，每一個童話故事都不是割裂的，白雪公主、阿拉丁、灰姑娘等生活在一個共同的童話鎮，有相互交織的故事線。

遊戲之外，《要塞英雄》逐漸演變成社交空間，實現遊戲與現實生活的交叉，成為自主遊戲。簡單來說，就像人們日常的生活一樣，當人們有一個空閒的下午並且可以聚在一起的時候，他們並不會預設去玩某種遊戲（非特指電子遊戲），即便是開始了某種遊戲，也不會拘泥於特定規則。《要塞英雄》為人們提供了一個自由、開放的場地。

衛報記者兼暢銷書作家 Keith Stuart 在談論《要塞英雄》時，曾拿它與 20 世紀 70 年代末和 80 年代初的孩子的滑板公園做類比，「它遍佈著莊園、購物中心、工廠和農場，還有很多開闊的鄉村空間。 陽光穿過樹林，有蝴蝶在飛舞。 你可以選擇組成一個四人小隊，合作起來保持活力。 而且因為你花了大部分時間探索和洗劫房屋以找到有用的物品和武器，你會得到「停留時間」來聊天。談話經常偏離遊戲，所以《要塞英雄》就像一個滑板場——一個社交空間和運動場地。」

人們可以選擇在島嶼中漫步或跳躍，從幽靈山的幽靈教堂塔樓探索到 Shifty Shafts（《要塞英雄》地圖中的一個地點）下的迷宮隧道，還可以在迪斯可舞廳跳舞。Pleasant Park（《要塞英雄》地圖中的一個地點）中間甚至有一個供玩家進行比賽的足球場。它為人群提供了一個安全的，可以進行漫遊閒逛的地方，為線上人們提供了全新的社交場所。

作為一款最多可以有 100 人參與的競技遊戲，《要塞英雄》又與其它競技遊戲不同，社交是《要塞英雄》中的一個核心元素。面對遊戲中的任務，玩家需要通過公會、團隊等不同形式的組織與其他玩家協同合作，共渡難關。在玩家社區中，每位玩家都需要出賣各種形式勞動力以獲取自己所需的物品，並以此形成了較為原始的市場。在一個虛擬的社會團體中，由遊戲連接到一起的玩家們運用特定領域的知識互通技能、經驗和資源，相互競爭和合作。

可以説，《要塞英雄》已經成為了目前最接近「元宇宙」的系統，它不完全是遊戲，而是越來越注重社交性，演變成一個

人們使用虛擬身份進行互動的社交空間。截止 2020 年 4 月，3.5 億註冊用戶的總遊戲時長超過 32 億小時，是世界上遊戲時間（線上時間）最長的遊戲。

2019 年 2 月，棉花糖樂隊舉辦了《要塞英雄》的第一場現場音樂會。2019 年 4 月，漫威的《復仇者聯盟：終局之戰》在《要塞英雄》提供一種新的遊戲模式，玩家扮演復仇者聯盟，與薩諾斯作戰。2019 年 12 月，《星球大戰：天行者的崛起》在《要塞英雄》舉行了電影的「觀眾見面會」，導演 JJ Abrams 接受了現場採訪。2020 年 4 月，美國説唱歌手 Travis Scott 在全球各大伺服器上演了一場名為 Asronomical 的沉浸式演唱會，有 1700 萬人同時觀看，並且引發了社交媒體上的瘋狂傳播。娛樂之外，《要塞英雄》中的經濟活動更活躍，玩家可以創建數碼服裝或表情出售獲利，還可以創建自己的遊戲或情節，邀請別人來玩。

🌀 構建數位化生態系統

《要塞英雄》的遊戲開發商 Epic Games 是一家總部位於美國的互動娛樂公司和 3D 引擎技術提供商。除了現象級遊戲《要塞英雄》，Epic 還開發了虛幻引擎，廣泛應用於遊戲、電影電視、建築、汽車等各個行業。Epic 也推出了 Epic Games 商城、Epic 線上服務等內容分發系統，同虛幻引擎一起，為開發者和創作者構建了數位化生態系統。

◇ 虛幻引擎：降低門檻，讓開發者專注於內容

虛幻引擎起源於 Epic 早期的自製遊戲 Unreal，從 1999 年正式靠攏開發者後，虛幻引擎經過了 20 年的不斷反覆運算升級，已經成為基於物理渲染（Physical Based Rendering，PBR）的核心商業引擎，特別是在提供 3D 寫實風格的數位畫面效果上具有技術領先性。

在遊戲開發過程中，有一些較為通用的需求，例如通用渲染、地形、模型導入與生成、動畫、調試、構建等。早期的一些開發者將這些技術抽象成通用功能並集合推出，成為最早的引擎。隨著技術的不斷發展，引擎的功能不斷完善，其配套的開發工具、可用性、易用性逐漸提升，逐步成為遊戲行業的底層基礎。

相較於其他的引擎，虛幻引擎的優勢主要體現在高品質 3D 寫實風格的內容創作上。創作者可以使用虛幻引擎創建、修改並即時渲染逼真的 3D 效果。虛幻引擎在技術深度和前端技術探索覆蓋上廣受業界關注，特別是在工業化和自動化生產上的積累，是未來能夠高效創作高品質內容的穩健保障。

Epic 於 2020 年公佈了虛幻 5 引擎預覽視頻，並介紹了其全新功能特點，隨即受到遊戲行業的高度關注。Epic 明確表示虛幻 5 的最終目標是讓所有行業的創作者都能製作出即時內容和體驗：

- 一是提升引擎的表現效果，營造出次世代應有的畫面表現力；

- 二是改善反覆運算效果，讓製作者得以將編輯工具中做的任何改變都能輕鬆選代到各種目標設備組織平台上，基本做到「所見即所得」，這也是目前引擎的一個主要優化方向；

- 三是降低門檻，通過提供更豐富、更完善的工具來幫助小團隊甚至是個人去完成高品質的內容。

當前，虛幻 5 引擎已於 2021 年開放 Early Access 版本，主要針對遊戲行業，預計將於 2022 年發行完整版。

◈ Epic 線上服務：讓遊戲可以跨平台運行

2019 年，Epic Games 開始提供 Epic 線上服務（online services），將這一套基礎設施和自己的帳戶體系，免費對外開放，允許外部開發者使用並在上面構建自己的多人線上遊戲。開發者接入後可以在全平台支援多種帳號登錄、聊天、成就、匹配、跨平台連線、跨平台資料互通等功能，並且開放給所有遊戲引擎接入。

這意味著，外部開發者可以免費獲得 Epic 的龐大使用者，包括登錄系統、好友系統、成就和排行榜。使用 Epic 線上服務可以不用考慮平台差異讓遊戲跨平台運行。並且，這對於中小遊戲開發商有極強的支援作用，在有相關需求的情況下可以省去大量的工作量。

◈ Epic Games Store：連接用戶與廠商

2018 年底，Epic 遊戲商店在 Windows 平台推出，玩家可以在商店中購買、遊玩遊戲，也可以付費進行內購。Epic Games

Store 對於玩家側的吸引力主要在於其內容的豐富度、一些 PC 獨佔遊戲以及每年度進行的 Mega Sale 活動，活動會免費贈送付費遊戲或免費遊戲的內購內容，同時有一系列的折扣提供。

Epic Games Store 對於發行商的吸引力則主要在於其低於行業平均水準的分成比例。全球比較主流的遊戲分發商店例如 Steam、App Store、Google Play 等都是收取 30% 的分成比例，EGS 只收取 12%，且如果產品使用虛幻引擎製作，還會用商店分成抵充引擎分成費用。

Epic Games Store 透過和開發者合作，用免費贈送的形式來為他們獲得更多受眾，進而收穫更多的回饋。對比其他平台，Epic Games Store 背靠的是整個 Epic 生態佈局，而 Store 作為整個生態的一環，同樣有著為整個行業構建正向迴圈的願景。

一級玩家花落誰家

在行動網際網路用戶紅利已經見頂的今天，尋找繼廣播電視、PC 網際網路、行動網際網路之後的新世代交互載體進行佈局，成為開啟新的一輪傳媒網際網路的紅利階段的必然。

在這樣的背景下，元宇宙作為「透過虛擬增強的物理現實，基於未來網際網路的、具有連結感知和共用特徵的 3D 虛擬空間」被廣泛關注。「元宇宙」概念的出現讓人們看到了「下一代網際網路」的曙光，它也成為了當前的行業風口，巨頭爭相入局元宇宙旨在占得先機。

6.1 偽風口還是真未來？

2021 年 3 月，Roblox 登陸資本市場，被認為是元宇宙行業爆發的標誌性事件，立時掀起「元宇宙」概念的熱潮，資本聞風而動。緊接著 4 月，風靡遊戲《要塞英雄》母公司 Epic Games 獲得新一輪 10 億美元的融資，成為 2021 年以來元宇宙領域最高的融資。在國內，2020 年 10 月打造熱門國產獨立遊戲《動物派對》Demo 的 VR 工作室 Recreate Games，投資方根據「元宇宙」概念也給出了數億元估值，身價瞬間翻倍。

與此同時，各大網際網路巨頭攜大額籌碼入場，多家上市公司在互動平台上表示，已開始佈局該領域。比如網際網路社交巨頭的 Facebook，再比如字節跳動、騰訊、網易、百度等一眾網際網路大廠。是什麼讓 29 年前就已經出現的「元宇宙」的虛擬實境世界的概念在 29 年後在市場突然火爆？元宇宙概念，究竟是偽風口，還是真未來？

▶ 資本尋找新出口

資訊技術的發展讓人類社會從物理世界邁入數位世界。20 世紀 90 年代，數位革命方興未艾，開啟了第一次數位經濟的熱潮。其中，數位技術主要在消費領域進入大規模商業化應用，門戶網站、線上視頻、線上音樂、電子商務等主要商業模式的終端使用者幾乎都是消費者，這一階段也因此被稱作「消費網際網路」，「消費者平台」就是消費網際網路時代的重要底座。

然而，隨著網際網路的發展和普及以及用戶使用習慣的養成，行動網際網路用戶時長增長勢頭有所放緩，消費網際網路紅利正在逐漸減退。2020 年疫情進一步擴大使用者線上化進程，使用者時長短期或將逐步見頂。根據 Questmobile，2015 年至 2020 年中國線民月均網際網路使用時長不斷增長，2020 年 4 月線民平均月上網時長達到 144.6 小時，相較於 2015 年延長了 54.8 小時。據 Questmobile，2018 年 1 月至 2020 年 6 月使用者使用短視頻的時長穩步增長。

在這樣的背景下，由於元宇宙蘊含的重要投資機會，因而成為資本的新出口所在。比如，5G 雲端遊戲方面，雲端計算技術提升推動雲端遊戲進入預熱階段，5G 將彌補傳輸短板帶動雲端遊戲全面發展，驅動消費娛樂化的普及程度持續提升，打破時間、地點、終端對於各類傳媒網際網路服務的限制。

當前，國內外網際網路巨頭及遊戲廠商正在持續加碼雲端遊戲佈局。國內以行動雲遊平台為切入，國外關注跨平台機會，雲端遊戲平台的拓展將培養用戶訂閱付費的習慣，雲端遊戲平台入場或將進一步推動遊戲行業「內容為王」。依據中國音數協遊戲工委預計，至 2030 年中國雲端遊戲使用者規模有望達到 4.4 億，2030 年雲端遊戲在全部遊戲使用者中的滲透率將達 54.3%；2030 年中國雲端遊戲市場規模有望達到 395.3 億元，2020-2030 CAGR 將達到 44.6%。

再比如，VR 硬軟體技術日趨完善，商業場景逐步落地，內容重要性不斷提升。2019 年下半年以來，隨著 VR 內容生態的完善以及技術的持續反覆運算，以 facebook 為代表的 Oculus

產品廣受使用者好評，科技巨頭紛紛佈局 AR/VR，行業進入高速發展期。

Facebook Quest2 推出受到市場廣泛好評。Oculus 系列是 VR 領域最重要的產品之一。與第一代 Oculus Quest 相比，Quest2 更輕更薄，售價為 299 美元起，比上一代便宜了 100 美元，高性價比的產品也收到了市場的歡迎。紮克伯格認為，當 VR 的活躍用戶達到 1000 萬時，VR 生態才能獲得足夠的收益。毋庸置疑，VR 眼鏡的應用需求還將隨著元宇宙發展繼續攀升。

▶ 用戶期待新體驗

人類對虛擬世界確實有需求。米蘭‧昆德拉說：「人永遠都無法知道自己該要什麼，因為人只能活一次，既不能拿它跟前世相比，也不能在來生加以修正。沒有任何方法可以檢驗哪種抉擇是好的，因為不存在任何比較。一切都是馬上經歷，僅此一次，不能準備。」

顯然，由於現實世界是唯一的，它只能「是其所是」，但意義只有在比較中才浮現。「只活一次等於沒活」，而虛構世界可以「是其所不是」，從而挖掘出存在的多種可能性。因此，虛構一直是人類文明的底層衝動。

正因為如此，才有了古希臘的遊吟詩人抱著琴講述英雄故事，才有了詩話本裡的神仙鬼怪和才子佳人，才有了莎士比亞的話劇裡，巫婆輕輕攪動為馬克白熬制的毒藥。影視劇裡

的故事，讓觀眾感受著別人的人生。遊戲時代來臨，人們又可以在手機和電腦裡，扮演一個角色，以交互的方式體驗成為另一個角色。

人在現實世界所缺失的，將努力在虛擬世界進行補償；在有可能的時候，他會在現實世界實現虛擬世界中的補償。基於這樣的「虛擬實境補償論」，才有了 Nick Bostrom、Elon Musk 等人相信的「世界模擬」論——假定一個文明為了得到補償而創造虛擬世界的衝動是永恆的，那麼在長時段的發展中就必然會創造出一個個虛擬世界，其自身所處的世界也極有可能是上層設計者打造的。

布希亞區分了人類模擬歷史的三個階段：第一個階段是仿造（Counterfeit），認為現實世界中才有價值，虛構活動要模擬、複製和反映自然。真實與它的仿造物涇渭分明。第二個階段是生產（Production），價值受市場規律支配，目的是盈利，大規模生產出來的仿造物與真實的摹本成為平等關係。第三個階段是模擬（Simulation），在此階段，擬像創造出了「超現實」，且把真實同化於它的自身之中，二者的界限消失。作為模仿對象的真實已經不存在，仿造物成為了沒有原本的東西的摹本，幻覺與現實混淆。

元宇宙正是第三階段的模擬，元宇宙向人們提供可以活出另一種人生的虛擬世界，在這個世界中，有完整運行世界體系。人們可以進行多種場景的日常活動，除遊戲外，可以進行社交活動、購物、學術活動、休閒娛樂活動，甚至可以通過跑步機等外接設備在元宇宙中運動。如果元宇宙成為可

能，人類體驗更寬廣人生的願望，迎來了終極方式 —— 以新的身份沉浸式體驗另一個世界。

技術渴望新革命

人類社會經歷了農耕文明、工業文明，終於在 21 世紀進入了數位文明時代。

在農耕文明階段，人類社會僅依賴於自然界中可以直接獲取的可用於消費的物質，比如植物、動物等。原始人類的居住地也是天然的或略經處置就可以遮風避雨的自然場所，比如洞穴、草棚等。

農耕文明也是體力時代，工具變革僅從人發展到使用耕作工具，例如把石塊打磨成尖銳或者厚鈍的石制手斧。猿人用它襲擊野獸，削尖木棒，或挖掘植物塊根，把它當成一種「萬能」的工具使用。

中石器時代，石器發展成了鑲嵌工具，即在石斧上裝上木製或骨製把柄，從而使單一的物質型態的轉化發展到兩種不同質性的物質複合型態的轉化。在此基礎上，人類又發展出使用石刀、石矛、石鏈等複合化工具。新石器時代，人類則學會了在石器上鑿孔，發明了石鐮、石鏟、石鋤，以及加工糧食的石臼、石杵等。

工業革命是工業文明的起點，是人類生產方式的根本性變革。在工業文明階段裡，人類經歷了從手工製造發展至當前

的機器製造，工業的發展讓人類有更大的能力去改造自然並獲取資源，其生產的產品被直接或間接地運用於人們的消費當中，極大地提升了人們的生活水準。

可以說，自第一次工業革命以來，工業就在一定意義上決定著人類的生存與發展。事實上，資產階級之所以在它的不到一百年的階級統治中創造的生產力，比過去一切世代創造的全部生產力還要多，正是因為資本主義社會工業生產力的迅速發展。但不論是農耕文明，還是工業文明，人都是創造生產力價值的主體，都是人使用工具或機械來進行生產。

然而，在人類社會經歷了農耕文明、工業文明後，以網際網路、人工智慧為代表的數位技術正以極快的速度形成巨大產業能力和市場，使整個工業生產體系提升至一個新的水準，推動人類社會進入數位文明時代。與農耕文明、工業文明明顯不同，數位文明是全方位的革新，是資訊物理系統的深度融合，是製造技術與製造模式的全面革新。

一方面，數位文明時代也是算力的時代，生產力的主體發生質變——機器能創造生產力價值，核心勞動力為人工智慧所替代。但這一切的前提，是人工智慧能發展到這個智慧化級別。在這樣的背景下，一個各維度擬真的虛擬世界，現實世界的平行宇宙，或將成為人工智慧訓練效率和成本的轉折點。

另一方面，不同於農耕文明、工業文明時代的有限資源，數位世界的資源是無限的，邊際成本將趨於零。但這需要一個打通人與人、人與機器、機器與機器的交互溝通底層環境，

只有這樣才能保障算力持續地創造生產力價值,而這個環境又必然是打通虛擬與現實的。

所以,不論是人工智慧反覆運算,還是底層的資料／資訊交互的生態,都驗證了元宇宙的必然性。元宇宙是未來人類的數位化生存,將打造全新的數位文明。元宇宙不只是 VR/AR 和全真網際網路,更是 2040 年之後人類的生活方式。

回望過去 20 年,網際網路已經深刻改變人類的日常生活和經濟結構;展望未來 20 年,元宇宙將更加深遠的影響人類社會,重塑數位經濟體系。

元宇宙聯通現實世界和虛擬世界,是人類數位化生存遷移的載體,提升體驗和效率、延展人的創造力和更多可能。數位世界從物理世界的復刻、類比,逐漸變為物理世界的延伸和拓展。數位資產的生產和消費,數位攣生的推演和優化,亦將顯著反作用於物理世界。

6.2 元宇宙市場有多大？

隨著市場的活躍，資本對元宇宙賽道表現出了極高的熱情，大把「熱錢」正在湧入「元宇宙」概念股。儘管還是一個新生市場，但巨頭已經開始爭搶「元宇宙」的入場門票。具體來看，從體驗場景出發，向內剖析元宇宙，其產業鏈可以被劃分為 7 層。

其中，體驗層和發現層又可被歸納為生態層，旨在打造元宇宙的場景內容；創作者經濟層和去中心化層，則可歸納為底層架構，為元宇宙奠基經濟系統；空間計算層、人機交互層、基礎設施層則是元宇宙的技術保障。基於此，元宇宙有望孕育新的萬億級生態藍圖。

▶ 打造場景內容

從體驗層和發現層來看，虛擬實境交互場景正在從基礎應用階段、補充應用階段逐漸向泛行業應用階段、生態構建階段演進。

具體來說，基礎應用階段，集中於遊戲、短視頻、軍事訓練等領域，內容較為有限，對話模式單一，在 C 端市場普及率；補充應用階段，虛擬實境技術及內容應用於各類全景場景並向教育、行銷、職業培訓、體驗館、旅遊、地產等場景拓展，初步深入 C 端市場；泛行業應用時代，虛擬實境將應用在醫療、工業加工、建築設計等場景的價值逐步凸顯，通過 B

端用戶拓展 C 端市場。應用生態構建階段、虛擬實境應用終極階段，以強交互、深入滲透為特點，虛擬實境全景社交將成為虛擬實境終極應用形態之一。

事實上，交互場景即為元宇宙世界本身，其產業生態想像空間無疑是巨大的。遠期來看，元宇宙各類應用場景將在綜合服務供應商、設備供應商、內容供應商、品牌廣告商、運營商、B 端客戶、C 端客戶之間形成完整、迴圈的生態系統。基於該生態架構，產業鏈廠商具體可透過分成、傭金、版權費用、廣告費用等管道獲取收入，維持持續運營。

分場景來看，元宇宙內容場景始於遊戲但不止於遊戲，未來包含大量其他垂直場景，包括工業場景、智慧醫療、智慧教育、虛擬娛樂、全息會議、軍事模擬，以及其他各類垂直行業社交等領域。

以消費場景為例，隨著技術反覆運算升級，消費者的線上購物體驗逐漸趨於直觀清晰，能夠獲得到的信息量持續豐富。從早期的電話購物向淘寶傳統的圖文模式升級，再到常前直播電商帶貨、小紅書的內容電商等模式，使用者的線上消費體驗在不斷升級，透過平台獲取到的信息量在不斷提升。藉助圖文結合的形式呈現，使用者通過對比圖片外觀和文字描述來選擇感興趣的商品，升級到視頻和直播的形式向用戶全方位展示了商品的參數，從而讓使用者擁有完整的商品資訊。

從傳播學的角度上來說，中短視頻以及網路直播的傳播能力遠遠高於圖文傳播。同時隨著內容電商興起，小紅書、抖

音、快手、B 站等平台中湧現出一系列分享好物的種草 KOL，從消費者的角度出發為用戶提供更多更直觀的貨品資訊和使用效果，從而使得消費者通過線上平台獲取的信息量持續豐富，並且重塑了消費流程，很多消費者先從線上平台去看才會激發購買欲望。

元宇宙時代下，用戶的消費體驗或將迎來新的一波交互體驗的升級，在 AR、VR 等技術的帶動下，更加沉浸式的消費或將成為常態。通過 AR 和 VR 技術的運用，用戶將會獲得更加直觀而且沉浸的購物場景，獲得更佳的購物體驗。例如新氧為使用者提供 AR 檢測臉型的服務，通過手機掃描臉部推算出適合每位用戶的妝容髮型護膚品等，使用戶在手機上就能遠端體驗到專業的美容建議。

得物 App 的 AR 虛擬試鞋功能允許用戶只需要挑選自己喜歡的鞋型和顏色並點擊 AR 試穿即可看到鞋子上腳的效果，避免了去線下試鞋或快遞收到鞋後發現上腳效果不好看再退換貨的麻煩。進入元宇宙時代，沉浸式的消費體驗會是新的流行趨勢，用戶的消費體驗將與以往大不相同。沉浸式消費將不僅僅局限於購買衣服鞋子等小件物品，AR 房屋裝修、遠端看房、甚至模擬旅遊景點都將成為流行的生活方式。此外，消費者可以觸達的信息量將進一步提升。在可穿戴設備和觸覺傳感技術的加持下，相比當前僅限視覺交互的購物體驗來說，觸感等或將提供更佳、更沉浸的購物體驗。

🔹 開拓經濟系統

元宇宙是接近真實的沉浸式虛擬世界，構建對應的經濟系統至關重要。實際上，此前的普通虛擬世界（網遊、社區等）一直以來都被當做普通娛樂工具，而非真正的「平行世界」。一個重要原因就在於，這類虛擬世界的資產無法順暢在現實中流通，即便玩家付出全部精力成為虛擬世界的「贏家」，大概率也無法改變其在現實中的地位。這類虛擬世界中玩家的命運不掌握在自己手中，一旦運營商關閉了「世界」，則玩家一切資產、成就清零。

區塊鏈的出現與成熟將完美解決了這樣的問題，讓元宇宙完成底層架構的進化──區塊鏈可以在元宇宙中創造一個完整運轉且連結現實世界的經濟系統，玩家的資產可以順利和現實打通，區塊鏈完全去中性化，不受單一方控制，玩家可以持續地投入資源。

《要塞英雄》創造者「虛擬引擎之父」Tim Sweeney 就指出，「區塊鏈技術和 NFT 是通向新興的元宇宙（虛擬世界）的「最合理的途徑」」。NFT 全稱 Non-Fungible Token，即非同質化代幣（比特幣等數位貨幣為同質化代萬），是區塊鏈框架下代表數位資產的唯一加密貨幣權杖，正是未來元宇宙的經濟基石。NFT 可與實體資產一樣買賣，保證了元宇宙中基礎資產的有效確權。

近年來，NFT 市場逐年呈倍數級增長。2019-2020 年，NFT 的全球 USD 交易總額從 6286 萬美元上漲到 2.5 億美元，增長近

三倍。2021 年更是屬於 NFT 的一年，2021 年 1 月至 8 月，NFT 交易額爆發式增長，而 OpenSea 利用自己 NFT 用戶、NFT 資產種類等優勢快速統治了 NFT 交易所的市場份額。2021 年 8 月，OpenSea 的 NFT 交易金額超過 10 億美元，占全球 NFT 交易規模的 98.3%。作為對比，OpenSea 2020 年全年的交易額不足 2000 萬美元。

從市場空間來看，僅以 NFT 衡量，當前已達百億元級別。2021Q1 的 NFT 交易空間達到 20 億美元，約合 120 億元人民幣，年化處理後全年交易額推算 480 億元（僅作數量級參考），若元宇宙場景繼續貢獻其中 27%（參考 2020 年）份額，則元宇宙——區塊鏈環節在 2021 年的空間至少達 130 億元。

以頭部廠商 The Sandbox 為例，Sandbox 是一款建立在區塊鏈上的沙盒遊戲，玩家們可以在 Sandbox 中建立自己的世界、創造自己的物品、開發自己的遊戲供他人使用。Sandbox 創造了 SAND 代幣，通過擁有 SAND 代幣，玩家可以參與 Sandbox 中去中心化組織（DAO）的治理。而 Sandbox 的玩家可以創建 NFT 資產，並將其上傳至位於 NFT 中的市場，同時 Sandbox 與 Atari、Crypto Kitties、小羊肖恩等廠商 / IP 合作創建「Play to Earn」遊戲平台。

當前，Sandbox 計畫以區塊鏈的模式讓使用者自主管理社區。去中心化組織（Decentalized Autonomous Organization，DAO）是基於區塊鏈核心思想理念，是由達成同一個共識的群體自發產生的共創、共建、共治、共用的協同行為衍生出

來的一種組織形態，是區塊鏈解決信任問題後的附屬產物。DAO 將組織的管理和運營規則以智慧合約的形式編碼在區塊鏈上，從而在沒有集中控制或協力廠商干預的情況下自主運行。

DAO 具有充分開放、自主交互、去中心化控制、複雜多樣以及湧現等特點，可成為應對不確定、多樣、複雜環境的有效組織。與傳統的組織現象不同，DAO 不受現實物理世界的空間限制，其演化過程由事件或目標驅動，可快速形成、傳播且高度互動，並伴隨著目標的消失而自動解散。DAO 可幫助基於區塊鏈的所有商業模式治理、量化參與其中的每個主體的工作量，包括加密貨幣錢包、APP 以及公有鏈。DAO 的主要營收來源為收取交易服務費用，支付方式一般為數位貨幣。

在 DAO 的基礎之上，Sandbox 推出 SAND 代幣，並鼓勵用戶創建 NFT 以維持遊戲內的經濟體系。將數位貨幣與 NFT 引入遊戲的優勢在於，區別於傳統的遊戲資產，數位貨幣與 NFT 不可以無線複製，在維持遊戲內經濟體系不會劇烈「通貨膨脹」的同時給予用戶更強的真實體驗。另一方面，Sandbox 也可以通過 NFT 激勵交易來保持遊戲活躍，充分調動玩家的創造性。

2021 年，元宇宙──NFT 的應用資料呈現爆發趨勢，後續有望進一步發力擴張。其中，The Sandbox 2021 年度第二輪土地拍賣金額（超 280 萬美金）就超越了 2019 年和 2020 年收入總和，而在最近一次土地拍賣中更是打破了所有記錄達到近 700 萬美元。The Sandbox 土地總數 166，464 地塊，目前

拍賣將近 50%。The Sandbox 母公司 Animoca Brands，於 2021 年 5 月 13 日在宣佈其估值為 10 億美元的基礎上，又獲得 8888 萬美元股權融資。

⏏ 加強底層基建

空間計算層、人機交互層、基礎設施層則是元宇宙的技術保障。

一方面，軟體定義一切的大趨勢下，5G、雲端計算、AI 技術等軟體層面核心技術將成為關鍵，帶動資料量／精細度提升助推元宇宙落地。根據中國信通院報告，當前虛擬實境存在單機智慧與網聯雲控兩條技術路徑，前者主要聚焦近眼顯示、感知交互等領域，後者專注內容上雲後的流媒體服務服務。可以預見，未來的元宇宙框架中，兩者將在 5G 基建的基礎上有機融合，AI+ & 雲端化共振觸發產業躍升。

其中，人工智慧三大分支 —— 電腦視覺、智慧語音語義、機器學習目前均在元宇宙雛形中扮演重要角色，國內各層級廠商呈全面開花。以開放平台為例，訊飛開放平台客戶已經達到 176 萬、累計支援終端 29 億；騰訊 AI 開放平台客戶數達 200 萬，服務全球使用者數量更是超過 12 億。開發框架為例，百度飛槳、曠視 MeEngine、華為 MindSpore、清華大學 Jittor 等國產 AI 開發框架也均實現了產業突破，覆蓋面極廣。

此外，雲端化渲染也是支撐元宇宙落地的重要技術，以 Cloud VR 為代表發展路徑可被劃分為三個階段：近期雲端化、中期

雲端化、遠期雲端化。華為雲 Cloud VR 服務將雲端計算、雲端渲染的理念及技術引入到 VR 業務應用中，藉助華為雲高速穩定的網路，將雲端的顯示輸出和聲音輸出等經過編碼壓縮後傳輸到使用者的終端設備，實現 VR 業務內容上雲、渲染上雲。Cloud VR 開發套件主要用於線下開發；華為雲 Cloud VR 連接服務則與運營商網路進行雲端適配，既可以直接為行業使用者提供商用服務，也可以被開發者二次開發和集成。

另一方面，AR/VR 及智慧穿戴設備是實現讓使用者持續穩定接入元宇宙、獲得沉浸式體驗的關鍵。當前 AR/VR 設備行業正在逐步駛入產業發展快車道，而元宇宙概念將進一步加速設備滲透、使用者培育進程。

從設備產業鏈來看，硬體核心技術涉及感測器、顯示器、處理器、光學設備等；軟體技術以內容製作相關建模技術、繪製技術、全景技術、模擬技術為主；交互技術從傳統握把手勢交互逐漸拓展至語音、表情、眼動追蹤等多元交互技術領域。隨著虛擬實境設備結構逐漸成熟，其硬體技術將趨於無線化，軟體技術趨於雲端化，交互以全場景應用為發展目標。

技術成熟將帶動虛擬實境消費級市場快速成長，遠期在 5G 通信條件驅動下，虛擬實境產品形態將更加豐富，商業模式將更加成熟。隨著 VR 產業鏈的逐步完善，VR 對行業的賦能會展現出強大的飛輪效應。目前，VR 已經在房產交易、零售、裝潢家居、文旅、安防、教育以及醫療等領域有廣泛應用。未來，隨著 VR 產業鏈條的不斷完善以及豐富的資料累積，VR 將充分與行業結合，由此展現出強大的飛輪效應。

從終端設備市場來看，VR 先行、AR 跟進，千億級產業空間正在釋放。據中國信通院預計，2024 年全球虛擬裝置出貨量可達 7500 萬台，其中 VR 設備占 3300 萬台、AR 設備後來居上占 4200 萬台。增速的角度來看，據 Trendforce 統計，未來 5 年 AR/VR 出貨量 CAGR39%，行業正處於快速爆發期。

作為目前全球 VR 產業龍頭品牌，Facebook 早在 2014 年便收購 Oculus 開始佈局 VR 業務。2020 年 9 月 Oculus 推出 Quest2 新品，頭顯重量僅 503 克、刷新率高達 90Hz、搭載高通驍龍 VR 專用晶片 XR2、解析度較上一代高 50%、具備更大記憶體和更快的回應速度而售價僅 299 美金，性價比顯著提升。根據 IDC 的資料，Oculus 憑藉 Quest2 的發佈於 2020 年一舉拿下全球 VR 市場 63% 的出貨量份額，銷量達到 347 萬部，遠高於其在 Oculus Rift 及 Quest1 發佈當年的銷量（2016 年 39 萬部，2019 年 170 萬部），其中 4Q20 Quest2 新品發佈後的 Oculus 單季全球出貨量／銷售額市占率高達 82%/77%。

Quest 2 發佈後，Oculus 於 2021 年 4 月通過軟體升級將產品刷新率從 90Hz 提升至 120Hz，進一步優化用戶體驗。同時，3 月 8 日 Facebook CEO 馬克·紮克伯格在接受英文科技媒體《The Information》專訪時提到，Facebook 已在研發 Oculus Quest 反覆運算版本新品，或具備眼動追蹤、面部追蹤等特性。此外，馬克·紮克伯格在採訪中還提到 Facebook 將延續低產品售價策略，圍繞社交體驗制定商業模式，並通過價格下探繼續擴大用戶基數，從而基於當前社交媒體網路創造更多使用者加入虛擬世界的社交機遇。

除 Facebook 外，根據快科技訊，索尼已於 2021 年 2 月 23 日宣佈新一代 VR 系統將登陸 PS5，並將通過全面加強解析度、視野、追蹤和輸入等各方面表現優化用戶體驗。2016-2020 年，索尼 VR 累計出貨量達 546 萬部（根據 IDC 資料）。基於良好的用戶基礎及強勁的換機需求，第二代 PSVR 亦有望成為繼 Quest2 之後的又一熱銷 VR 產品。

與此同時，本土品牌終端也呈快速普及趨勢。以華為 VR Glass 為例，華為 VR Glass 採用超短焦光學系統，搭配 0-700 度屈光度調節，是一款相對羽量級的 VR 設備。設備支援 VR 手機投屏、雙應用投屏，包含于機模式和電腦模式兩種模式，支援 6DoF，並有望在鴻蒙時代創造更多的物聯模式。VR Glass 在 2019 年官方發佈的定價為 2999 元。華為 VR Glass 的一大賣點在於內容端，豐富的場景包含全景視頻、IMAX 虛擬巨幕、常規影視等頻道，同時發佈 100+ 精選 VR 遊戲。

6.3 網際網路巨頭佈局元宇宙

網際網路巨頭，本身擁有巨大流量入口，主要搶佔元宇宙產業鏈的體驗層和發現層，以擁有元宇宙生態平台直接對接用戶。

Facebook：深度佈局 VR，領跑社交元宇宙

Facebook 是全球領先的線上社交媒體和網路服務提供商。Facebook 網站於 2004 年 2 月 4 日上線，為打造多品類的差異化社交矩陣，公司進行多次投資並購，2020 年 Facebook 實現營收、利潤雙增長。透過 Oculus 設備佈局 VR 領域，又推出 Facebook Horizon 發力 VR 社交平台。當前，Facebook 已經成為除 Roblox 外最知名的「元宇宙」概念企業。

Facebook 在 2014 年以二十億美元高價收購了虛擬實境公司 Oculus，正式進軍 VR 領域。在 2016 年 Facebook 的十年規劃版圖中，紮克伯格就表示，要在 3-5 年內著重構建社交生態系統，完成核心產品的功能優化。未來 10 年側重於 VR、AR、AI、無人機網路等新技術。截至 2021 年初，Facebook 參與 VR/AR 技術研發的員工比例已由 2017 年的十分之一增長至五分之一，並頻頻投資 VR/AR 領域的技術領先者。

長期佈局 VR 硬體端終獲成效，Oculus Quest2 需求強勁。Quest 2 相比 Quest，更加輕薄，並且頭顯前面安裝了 4 個跟蹤攝影鏡頭和兩個黑白 Oculus 觸摸運動控制器。Quest 2 不允

許用戶保留完全獨立的 Oculus 帳戶，而 Quest 2 產品經理表示這樣做的目的是為了提高 Quest 提供的社交性。透過連結 Facebook 帳戶的方式在 VR 中找到好友，並可以透過 Quest 設備使用 Facebook Messenger 和好友虛擬聊天。

並且，Facebook 還透過在 Quest 2 上創建 VR 辦公環境「Workrooms」，重新定義了「辦公空間」。用戶可以使用化身的形式參加虛擬會議，虛擬面對面的溝通能夠很大程度上改善遠端會議的體驗，提高腦力激盪和一些創造性場景的效率。

Workrooms 提供一種虛擬實境混合體驗，在裡面用戶可以在各類虛擬白板上表達自己的 ideas，並且可以將自己的辦公桌、電腦和鍵盤等帶進 VR 世界中並用它們進行正常辦公。Oculus Avatar 給用戶提供更豐富的外觀選擇，用戶在不同場景可以更換不同的虛擬形象。Workrooms 提供各類辦公場景和陳設，使用者可以根據需求選擇不同的會議室和辦公室。

IDC 資料顯示，在 2020 年 Q2 全球 VR 頭戴設備市場上，Facebook 擊敗了此前的常勝將軍索尼，以 38.7% 的市場份額奪得第一。同時，2020 年新發佈的 Oculus Quest 2 自 10 月上市以後需求強勁，在北美市場一度斷貨。該款設備預計年出貨量為 500 萬～ 700 萬台。根據 SuperData 統計，Oculus Quest 2 在 2020 年第四季度的 VR 市場占絕對的主導地位，銷量約 110 萬台，遙遙領先排第二位的索尼 PSVR。

目前，Facebook 已經推出的 VR 社交平台 Horizon 的測試版，可應用於遊戲娛樂、社交以及效率辦公，被譽為 VR 界

Roblox，也被認為是 Facebook 向元宇宙邁出的重要一步。Horizon 支持最多 8 名玩家在平台上一起打造屬於自己的虛擬體驗世界，玩家通過自己的虛擬半身卡通形象創造並裝飾「Worlds」，並在「Worlds」中遊玩各類社交小遊戲。

Facebook Reality Labs Experiences 的產品行銷主管認為，元宇宙的重要組成部分之一，是一個在 VR 環境中鼓勵更多社交互動機會的平台，讓虛擬實境中的社交參與度更富有深度和廣度。憑藉技術賽道與社交領域的雙重優勢，Facebook 有望構建大型社交元宇宙平台。

除了佈局 VR 領域，發力 VR 社交平台，Facebook 在元宇宙的佈局還包括 Creator 內容創作社區、Spark AR、數位貨幣 diem 等。

Creator App 旨在讓內容創作者圍繞內容搭建社區，並提供一站式創作服務，包括：創作、編輯、發佈視頻；通過 Creator 收取來自於 Instagram、Messenger 等 App 的資訊和評論；通過 Creator 分享 Facebook 上的資訊，可以將內容發送至 Twitter、Instagram 等其他平台幫助創作者進行統計分析並有能力發佈更受歡迎的視頻。

Facebook 還為 Instagram 推出了 Spark AR 功能，並將其描述為一個「任何人都可以在 Instagram 上創建和發佈 AR 效果」的平台，發佈的 filter 特效可以顯示在新的效果庫中。近期 Spark AR 推出多層次分割和優化跟蹤目標兩項新功能，增強了 AR 技術的識別層次與目標數量，達到更好的現實效果。

虛擬數位貨幣 diem 類似於 Tether 幣和其他價格掛鉤的穩定幣（diem 與美元掛鉤），由傳統資產支撐，運行在 diem 項目自己的區塊鏈中，被存放在名為 Novi 的錢包裡。diem 區塊鏈是可以變成的，和 Ethereum 一樣，開發者可以創建自訂應用程式。diem 的市值和流通供應量是不固定的，diem 協會可以在美元進出 diem 的抵押儲備時鑄造或銷毀代幣。diem 的元宇宙屬性取決於其在現實世界中的可支付性。diem 協會的一些成員很可能會接受該幣作為一種支付方式，例如 Shopify、Spotify、Uber 等公司。

▶ 騰訊：內部孵化疊加外部投資，打造全真網際網路

騰訊是國內社交與線上娛樂龍頭，業務範圍涵蓋網際網路全生態。騰訊是中國最大的網際網路綜合服務提供者之一，旗下擁有 DAU10 億的社交平台微信，以及 DAU 超過 1 億、全球營收第一的手機遊戲《王者榮耀》。

騰訊的主營業務按收入構成可分為三大板塊：

- 一是增值服務，可分為網路遊戲及社交生活兩部分。網路遊戲方面，自研遊戲《王者榮耀》、《和平精英》長期領跑手遊暢銷榜。社交生活方面，主要業務包含音樂及視頻的會員服務、網路文學、直播服務等。
- 二是網路廣告，主要包括基於騰訊視頻的媒體廣告，以及基於微信、QQ 等平台的社交廣告。
- 三是金融科技，主要包括網際網路金融、雲端及企業服務等。

作為國內社交及線上娛樂龍頭，騰訊正以遊戲為切入口。通過內部孵化、對外投資多領域佈局元宇宙。事實上，此前馬化騰就已經在騰訊內部物《三觀》中提到：「一個令人興奮的機會正在到來，行動網際網路十年發展，即將迎來下一波升級，我們稱之為全真網際網路。這是一個從量變到質變的過程，它意味著線上線下的一體化，實體和電子方式的副融合。虛擬世界和真實世界的大門已經打開，無論是從虛到實，還是由實入虛，都在致力於幫助用戶實現更真實的體驗。」該描述正好同元宇宙高度吻合。

在內部孵化上，騰訊積極探索遊戲與社交的深度結合，全產業鏈佈局元宇宙。在上游內容生態方面，自研遊戲方面，騰訊持續研發開放世界類遊戲，包括生產類沙盒遊戲《我們的星球》、UE4 製作的開放世界手游《黎明覺醒》等，該類遊戲給予玩家較高的自由度，與元宇宙「開源和創造」的特性相近。

此外，2021 年 4 月 15 日，騰訊平台與內容事業群（PCG）內部宣佈任命騰訊互娛（IEG）天美工作室群總裁姚曉光接手 PCG 社交平台整體業務，PCG 社交平台業務兩大產品正是 QQ 和 QQ 空間。2020 年 1 月，騰訊 COO 任宇昕就在內部信中説過，PCG 肩負著騰訊探索未來數位內容發展的重任。

時任騰訊互娛（IEG）天美工作室群總裁姚曉光是中國最早一批從事網路遊戲研發的高級程式師之一，曾創辦研發網站 npc6.com，監製中國第一款回合 MMORPG 遊戲《幻靈遊俠》，曾就職於盛大網路盛錦公司常務副總經理，參與《傳奇

世界》等多款遊戲大作的核心開發。同時，他也在專業領域編譯出版多部著作，為國內策劃和技術人才的培養提供了大量的理論指導。在騰訊多番誠意邀請下，姚曉光於 2006 年加入騰訊。

進入騰訊初期，姚曉光負責琳琅天上工作室的研發運營工作。《QQ 飛車》作為姚曉光第一個主導的專案，就讓姚曉光和琳琅天上工作室一站成名。在此之前，騰訊無大型自研遊戲經驗，主要以代理為主。2014 年 10 月原琳琅天上工作室、天美藝遊工作室、臥龍工作室正式合併升級為天美（TIMI）工作室群。姚曉光打造 PC 端遊戲代表作品包括《QQ 飛車》、《禦龍在天》、《逆戰》等；行動端遊戲代表作品包括《天天酷跑》、《天天炫鬥》、《穿越火線：槍戰王者》、《王者榮耀》等。

截至 20 年 11 月，《王者榮耀》日均日活躍用戶數已超 1 億。面對日益加劇的網際網路內容與管道競爭，姚曉光將肩負拯救 QQ、糅合遊戲與社交、打造騰訊新王牌的重任。顯然，通過遊戲與社交的深度結合，騰訊還將進一步探索元宇宙的產品生態。

在下游基礎設施方面，未來 5 年內，騰訊計畫在雲、AI、區塊鏈、5G 及量子計算領域投入 700 億美元。通過提升遊戲的可進入性、可觸達性、可延展性，向元宇宙成熟形態靠近。

其中，騰訊雲技術和金融科技是元宇宙發展的底層引整。社交平台、支付等領域的使用者流量和產品積累，騰訊雲端計算目前在消費網際網路和金融領域具備較大優勢。未來騰訊

雲的潛力將主要集中在 SaaS 領域，同時也將作為騰訊在底層技術上的重要戰略佈局，支撐上層各項網際網路業務的發展，包括「元宇宙」概念方向。

騰訊在區塊鏈方面也已經有所行動。2020 年 8 月 10 日，騰訊音樂開啟首批數位藏品（胡彥斌《和尚》20 周年紀念黑膠NFT）預約活動。使用者可在 QQ 音樂平台開啟購買資格的抽籤預約，限量發售 2001 張。抽籤時間為 8 月 14 日 10：00，正式發售時間為 8 月 15 日 10：10。騰訊音樂成為中國首個發行數位藏品 NFT 的音樂平台。

金融科技方面，對標支付寶，微信憑藉自身流量基礎與生態構建，微信支付日均支付筆數已領先支付寶。隨著騰訊金融業務產品線的不斷完善，有望穩健縮小差距迎頭趕上。理財、小額貸款等高利潤業務也將在信用體系的逐步搭建下貢獻更多收益。「元宇宙」概念的重點之一就是數位經濟文明，騰訊的金融科技業務具備構建虛擬貨幣體系的想像空間。

在對外投資上，騰訊大力投資基礎設施，完善元宇宙拼圖。至 2020 年，騰訊共投資超過 800 家企業，其中不乏元宇宙相關行業。遊戲領域裡，騰訊持續投資元宇宙概念相關的公司和產品，Roblox 和 Epic 都在它的投資名單上。其中，騰訊自 2012 年起投資 Epic Games，其開發的虛幻引擎被廣泛應用於擬真遊戲研發。在 VR/AR 組件方面，騰訊於 2013 年起投資Snap，其在 AR 元件的製造和應用方面處於行業領先。

數位經濟領域裡，騰訊投資的 Roblox 公司引入的遊戲虛擬貨幣「Robux」可通過遊戲平台兌換成現金，實現了現實與虛擬貨幣的互通。此外，騰訊也投資了海內外多家電子商務平台公司，包括國外的 Paystack、SeaMoney，國內的拼多多、美團等，其社交購物模式有望助力虛擬閉環經濟系統的構建。綜合來看，騰訊多元的內部孵化及對外投資佈局，使其成為最有可能構建元宇宙雛形的企業之一。

🔘 字節跳動：鉅資收購 VR 龍頭，入場元宇宙

2014 年，在祖克伯格「VR 未來消費規模可比肩手機或 PC」的判斷下，Facebook 用 20 億美金買下 Oculus，正式進入 VR 領域。此後，Oculus 發展迅速。據預估，2021 年 OculusQuest 2 的銷量將達到 800-900 萬台。7 年後，與 Facebook 體量相當的字節跳動，則收購了被業界認為是最有可能比肩 Oculus 的國產品牌 Pico。

字節跳動收購 Pico 被視為「Facebook 收購 Oculus」的翻版。雖然晚了 7 年，但在市場來看，字節跳動的入場卻是恰逢其時 7 年間，VR 行業經歷了 2 次大泡沫，到現在技術水準與市場需求才趨向成熟。這一次的投資也被視為字節跳動在元宇宙領域的重要佈局。

Pico 北京小鳥看看成立於 2015 年 4 月，是一家 VR 軟硬體研發製造商：

- 2015 年 12 月，Pico 推出 Pico 1 虛擬實境頭盔與 Pico VR 虛擬實境 APP 及 Pico 行業解決方案。

- 2016 年 4 月，推出 VR 一體機——Pico Neo DK。

- 2017 年 5 月，推出手機盒子產品 Pico U，升級版分體式 VR 一體機 Pico Neo DKS，旗艦一體機產品 Pico Goblin 以及 VR 追蹤套件 Pico Tracking Kit。

- 2017 年 12 月，量產頭手 6DoF Pico Neo VR 一體機推出。

- 2018 年 7 月，2000 價位段使用高通驍龍 835 晶片的 Pico G2 VR 一體機發佈；Pico 獲得 1.675 億人民幣 A 輪融資。

- 2019 年 5 月，2000 價位段使用高通驍龍 835 晶片的 4K 屏顯 VR 一體機——Pico G2 4K 發佈。

- 2020 年 3 月，第二代高階 6DoF 一體機——Pico Neo2 正式推出。

- 2021 年 5 月，新一代 6DoF VR 一體機 Pico Neo3 正式推出。

目前，Pico 已研發的產品有 Goblin VR 一體機、Pico U VR 眼鏡以及 Tracking Kit 追蹤套件等。300 人的團隊在東京、三藩市、巴賽隆納等設有分公司，香港設立辦公室，線下銷售管道覆蓋七大區域超過 40 個國內城市。

值得一提的是，Pico 幾乎成為上一波 VR 浪潮中所剩不多熬過資本寒冬的企業。創始人周宏偉曾是歌爾股份高管，歌爾股

份既是 Pico 的股東，也是 Pico 的供應商，Pico 所有產品的光學和硬體都由歌爾提供。歌爾股份還是 Oculus Quest 系列的主要代工廠之一。

中金公司認為，Pico 併入位元組後，有望整合位元組的內容資源和技術能力，在 VR 產品研發和生態上持續加大投入。從出貨量來看，目前 VR 發展仍以海外歐美市場為主，Facebook 通過收購 Oculus 及 VR 遊戲團隊，豐富遊戲內容生態，增強使用者黏性。位元組收購 Pico 有望成為國內 VR 市場發展轉折點，依託 Pico 較為成熟的硬體生態，疊加位元組軟體發展能力，推動國內 VR 軟硬體繁榮。

值得一提的是，此次引起外界廣泛關注的 Pico，並非字節跳動在元宇宙領域佈局的第一個專案。早在 2021 年 4 月，字節跳動就曾掏了 1 億元投資被喻為「中國版 Roblox」的遊戲開發商代碼乾坤。

代碼乾坤成立於 2018 年，是一個遊戲 UGC（使用者生成內容）平台，其代表性作品是元宇宙遊戲《重啟世界》。基於代碼乾坤自主研發的互動物理引擎技術系統，公司推出 UGC 創作平台《重啟世界》。《重啟世界》主要包括物理引擎編輯器（PC）、遊戲作品分享社區（App）兩個部分。可以支援使用者自由創作模型、物理交互效果和玩法，並將自創的玩法、模型素材和成品遊戲在重啟世界社區或商店發佈，供其他開發者或玩家使用。目前，國內擁有自研物理引擎的 UGC 遊戲創作平台，除舶來品《Roblox》，代碼乾坤的《重啟世界》占獨一份。

6.4 技術大廠搶佔元宇宙市場

毋庸置疑，構建元宇宙是一個非常龐大的系統。它需要高速率、低延遲、超大連結的通訊環境，海量的資料處理、雲端即時渲染以及智慧運算等等。正是伴隨著 5G 通訊、大資料、人工智慧等技術的日趨成熟，才讓過去這個虛無縹緲的概念，如今有了被實現的可能。

華為：元宇宙底層 ICT 技術集大成者

華為雲是成長最快的一朵雲，去年進入全球前五。華為雲聚焦雲端計算中的公有雲領域，提供雲主機、雲託管、雲儲存等基礎雲端服務以及超算、內容分發與加速、視頻託管與發佈、雲電腦、雲會議等服務和解決方案。Gartner 4 月發佈的報告顯示，2020 年華為雲在全球雲端計算 IaaS 市場排名上升至中國前二、全球前五，增速達 168%，為主流服務提供者中增速最快。

根據 IDC 資料，2020 年上半年華為雲 ModellArts 位居機器學習公有雲端服務中國市場占有率第一位，達到 29%；在工業雲解決方案廠商中，華為雲也憑藉 11.5% 的占有率排名第二；在容器軟體市場上，華為雲在國內市場占有率第一。

華為也在積極佈局 VR 領域，持續推動 AR/VR 生態建設。華為專門為 VR 內容開發者提供了平台 HUAWEIVR。開發者可利用華為 VR SDK 進行創作，作品完成後上傳至華為 VR 應用商

店，擁有華為 VR 眼鏡的消費者可以直接下載體驗。HUAWEI VR 目前的硬體形態是 VR 眼鏡 + 華為系列手機 / 平板。VR 手機包括 3DOF 頭顯和 3DOF 手柄。

華為在 AR/VR 領城的技術突破加速了沉浸式體驗的實現。華為推出河圖（Cyberverse）底層技術平台，包含了全場景空間計算能力、AR 步行導航、場景編輯渲染等技術。目前，該技術已應用到敦煌莫高窟的全景復活中，實現了科技與文化的完美結合。同時，華為還推出通用 AR 引擎「華為 AREngine」，開發者和協力廠商應用可接入華為的 VR 系統。

未來，隨著 5G 和雲端計算的進一步發展，將二者結合起來實現雲 + 端協同模式有望引領 VR 行業發展，或將成為人類進入元宇宙的關鍵一步。

輝達：發佈跨時代 Omniverse 平台

輝達 Omniverse 是輝達開發的專為虛擬協作和即時逼真模擬打造的開放式雲端平台。通過雲端賦能創作者、設計師、工程師和藝術家在本地或者超越物理界限的世界各地即時工作，彼此之間可以即時看到進度和工作效果，提供了極大便利性。作為一款雲平台，Omniverse 擁有高度逼真的物理類比引擎以及高性能渲染能力。支援多人在平台中共創內容，並且與現實世界高度貼合，可用資料 1：1 創造的一個虛擬世界。

並且，基於 Pixar 的 USD（通用場景描述技術），Omniverse 具有高度逼真物理類比引擎和高性能渲染的能力。通過 3D 交換功能，可將生態系統成員連接到大型使用者網路，提供 12 個用於主流設計工具的連接器，另外 40 個連接器仍在開發中。初期體驗合作夥伴來自全球各大行業，包括媒體和娛樂、遊戲、AEC（建築、工程、施工）、製造、電信、基礎設施和汽車。

顯然，Omniverse 的願景符合元宇宙的重要理念之一：「不由單一公司或平台運營，而是由多方共同參與的、去中心化的方式去運營。」

▶ 歌爾股份：AR/VR 設備第一代工廠

以蘋果產業鏈龍頭身份廣為人知的歌爾股份，涉獵「元宇宙」概念已久。歌爾股份成立於 2001 年，主要從事聲光電精密零元件及精密結構件、智慧整機、高階裝備的研發、製造和銷售。

近三年，歌爾營收、淨利潤持續增長，同比增速逐漸擴大。雖然 2018 年業績表現不佳，營收和淨利潤出現負增長，但之後迅速恢復，2020 年營收和淨利潤同比分別達到 64.29% 和 122.41%。此外，歌爾近五年研發支出保持增長，毛利率略有下降。2016～2019 年研發支出同比增速呈現下降趨勢，2020 年增速迅速攀升至 74.64%。毛利率總體上呈現下滑趨勢，2020 年毛利率為 16.03%。

在 AR/VR 領城，歌爾的佈局主要體現在零部件供應和整機組裝上。其中，精密零部件主要是結合 VR/AR 的關鍵光學器件來佈局發展。並且，歌爾還是 Facebook 和索尼等主流 VR 終端廠商的代工商，目前佔據全球佔據 VR 中高階產品 80% 的市場份額。

2020 年包含 AR/VR 業務在內的智慧硬體收入占主營收入的 30%。2020 年歌爾股份業績逆勢增長，其中 AR/VR 業務做出了突出貢獻。對營收貢獻第一的是智慧光學整機業務，占比達到 46.20%，而涉及到 AR/VR、智慧穿戴設備的智慧硬體業務貢獻了 30.57% 的占有率，居於第二。

2020 年末，在市場預期蘋果無線耳機銷量或在 2021 年出現下滑之際，21 世紀資本研究院就在報導中指出，VR/AR 業務或有望接力耳機成為歌爾股份新的利潤來源。2021 年以來，歌爾的業績表現也印證了這一點。

一季度，歌爾股份實現營業收入 140.28 億元，同比增長 116.68%，歸屬於上市公司股東的淨利潤為 9.66 億元，同比增長 228.41%。上半年，實現營業收入 302.88 億元，同比增長 94.49%；實現歸母淨利潤 17.31 億元，同比增長 121.71%。公司發佈的前三季度業績預告繼續大增，預計 2021 年前三季度歸母淨利潤約 32.14-34.61 億元，同比增長 59.38%-71.64%，第三季度預計實現利潤 14.83-17.3 億元。若取中值估計第三季度利潤為 16.1 億，同比增長約 30%，環比增長約 110%。

歌爾股份在 2021 年半年報中提及,公司「元宇宙」等新興概念越來越引起全行業的廣泛關注。2021 年上半年,歌爾股份業績大增,原因就在於 VR 虛擬實境、智慧無線耳機等產品銷售收入的增加。2021 年上半年,精密零組件收入為 60.51 億元,同比增長 21.78%;智慧聲學整機收入為 124.92 億元,同比增長 91.94%;智慧硬體收入為 112.10 億元,同比增長 210.83%。以 VR/AR 業務為主導的智慧硬體業務增速搶眼,迎來爆發式增長。

07
Chapter

元宇宙需要制定憲章

元宇宙的終極形態將會是開放性和封閉性的完美融合,是一個開放與封閉體系共存甚至可以局部連通、大宇宙和小宇宙相互嵌套、小宇宙有機會膨脹擴張、大宇宙有機會碰撞整合的宇宙,就像我們的真實宇宙一樣。元宇宙終局將由多個不同風格、不同領域的元宇宙組成更大的元宇宙,用戶的身份和資產原生地跨元宇宙同步,人們的生活方式、生產模式和組織治理方式等均將重構。

這個全量版元宇宙將帶領人類文明進入一個全新的數位時代,但在理想形態的元宇宙到來以前,人們還需要為元宇宙制定憲章,從而使得元宇宙能夠行穩致遠。

7.1 通往未來元宇宙

當前，元宇宙相關話題快速破圈，市場關注度極高，分歧與共識並存。從元宇宙的實現基礎來看，未來或並不遙遠。作為基礎和先決條件，VR 等硬體設備體驗不斷提升、價格不斷下降，在大廠的推動之下滲透率有望快速提升。

5G、雲端計算、區塊鏈等基礎設施逐步成熟，內容及應用生態亦在硬體及基礎設施的推動之下快速發展。元宇宙的成熟雖然還很遙遠，但是探索正在加速。未來，人們對於元宇宙的理解將持續加深，從消費網際網路到產業網際網路均將擁抱線上線下一體化的元宇宙時代。

▶ 短期：技術催化發展

AR/VR、雲端計算、AI、5G 等技術的進化，才讓元宇宙有了實現的可能，而網際網路的高速發展構建了元宇宙堅固的基石。元宇宙本質上是一個虛擬的網路世界，當滿足硬體基礎後，則需要覆蓋盡可能多的使用者，來構成元宇宙中的行為主體，並由這些主體來創造元宇宙的內容。

因此，在短期內，元宇宙還要經歷技術端的不斷發展，這一階段達成的相應指標包括但不限於：5G 滲透率達到 80%；雲端遊戲、XR 技術實現成熟應用；以騰訊為代表的頂級遊戲廠商在次世代遊戲取得突破；人工智慧實現 AI 輔助內容生產；

中國、美國等主要經濟體已經出現多家結合遊戲、社交和內容的沉浸式體驗平台，且滲透率有望突破 30%。

元宇宙概念將依舊集中於遊戲、社交、內容等娛樂領域，並且隨著通信和算力、VR/AR 設備和人工智慧等領域的升級，體驗和交互形式將更加趨於沉浸。其中，具有沉浸感的內容體驗是這個階段最為重要的形態之一，並帶來較為顯著的用戶體驗提升。

軟體工具上分別以 UGC 平台生態和能構建虛擬關係網的社交平台展開，底層硬體支援依舊離不開今天已然普及了的行動設備。同時，VR/AR 等技術逐步成熟，各大網際網路巨頭公司和一些專注於遊戲、社交的頭部公司將發展出一系列獨立的虛擬平台，有望成為新的娛樂生活的載體。

在社交領域，元宇宙將繼續為用戶提供遊戲性和虛擬化身結合的社交體驗。事實上，當前元宇宙能夠為用戶所提供的社交體驗的核心就在於遊戲性帶來的高沉浸度社交體驗和豐富的線上社交場景。同時，虛擬化的身份能夠掃清物理距離、社會地位等因素造成的社交障礙，並且給予用戶更強的代入感。

虛擬化的身份能夠淡化物理距離、社會地位等因素造成的社交障礙，給予用戶更強的代入感。通過個性化建立虛擬身份，用戶可以選擇打造成自己喜好的樣子，從而給予用戶更強的代入感，像 Roblox 擁有豐富的 Avatar 商店，用戶還可以自己創造道具來彰顯個性。同時，虛擬社交平台消除了一系

列社交障礙，包括物理距離、相貌打扮、貧富差距或者種族和信仰差異等因素，使用戶有機會毫無壓力地表達自我。

基於遊戲性，元宇宙能夠帶來高沉浸度的社交體驗和豐富的線上社交場景。元宇宙是在遊戲架構的基礎之上打造的虛擬世界，為用戶提供高沉浸度的體驗。同時，用戶的各種遊戲行為本身承載著社交功能。以《魔獸世界》為例，玩家之間的公會、好友系統承載社交屬性，並且通過戰場、副本等模式形成社交互動。此外像《魔獸世界》、《劍網三》等MMORPG 遊戲中組隊刷副本和陣營大戰，以及像《王者榮耀》、《和平精英》等競技類遊戲中多人組隊開黑的機制。此外像《摩爾莊園》之類遊戲的加入，將會上升到社交活動的高度，極大地豐富了社交場景。除了遊戲互動外，像 Roblox 和 Fornite 均擁有派對模式，供玩家在虛擬世界舉辦派對繁會或者演唱會等，《摩爾莊園》則與草莓音樂節聯動並激請新褲子樂隊開啟線上蹦迪模式。

顯然，社交是打通虛擬世界和現實世界邊界的重要手段之一。隨著底層技術的提升和社交場景的拓寬，元宇宙帶來的沉浸感和擬真度將進一步升級，元宇宙也將能夠為用戶提供更加沉浸和豐富的社交體驗。

以陌生人社交軟體 Soul 為例。Soul 為用戶搭建了一個虛擬世界，同時打通了虛擬世界跟現實世界的邊界。用戶在 Soul 平台通過虛擬身份進行社交，社交障礙得到消除，用戶擁有更自由的表達空間。同時，在 Soul 中用戶可以通過群聊派對討

論、聽音樂、學習等，也可以在 Soul 中玩狼人殺等遊戲，甚至通過 Giftmoji 為自己或他人購買現實中的商品。

在內容領域，元宇宙的願景是打造一個極度真實的虛擬宇宙，其本質是持續擴張，從有序到無序的熵增過程，對內容的體量、內容之間的交互以及持續的內容再生有著根本性需求，只有當內容達到足夠大的體量才可以被稱作元宇宙。因此，短期內，元宇宙還要不斷地進行內容的擴張，為使用者提供更豐富的內容供給和更沉浸的內容體驗。

目前，很多電影公司和漫畫等內容產出者都企圖通過構建「世界觀」打造自己的 IP 宇宙，如「封神宇宙」、「唐探宇宙」等，都是旨在打造出一個自恰且內容可以不斷擴張的世界。以現階段最成功的漫威宇宙系列電影為例，2008 年的《鋼鐵俠》開啟了漫威宇宙的序篇，至此已經歷了三個階段，電影《黑寡婦》將開啟系列的第四階段。13 年內累計出品 23 部電影、12 部電視劇。漫威電影宇宙建立在漫威漫畫的架空世界，與其它漫畫、電影與動畫等系列同屬一個官方認可的多元宇宙。從漫畫到單英雄電影到各英雄的聯動發展的同時，漫威也從各類衍生品中加強其宇宙生態的滲透，如遊戲、線下樂園等。單一 IP 或者多個獨立 IP 並不能構成宇宙，打造一系列 IP 以及它們之間的強關聯度，通過各種形態的內容豐富世界觀，再加上用戶一系列的二次創作才能被稱為宇宙。

基於此，在騰訊「泛娛樂」概念下，產業鏈全方位的內容供給和持續的內容衍生，具備發展為內容領域的元宇宙的潛力。騰訊或將依託其在社交網路等領域的強大影響力，通

過內部孵化與外部投資在泛文娛板塊內積極佈局，在網路文學、動漫、線上音樂、影視製作、視頻平台、網路遊戲等領域均成為細分賽道翹楚，圍繞 IP 逐步打造出觸角廣泛且影響力巨大的文娛矩陣。

宇宙的邊界不斷擴張，除了 PGC 之外，需要有豐富的 UGC 內容不斷拓寬邊界。A16Z 將內容生產演進分為 4 個階段，當前我們已經從 PGC 進入到 UGC 階段，內容產能和主流社交形態均實現了跨越式提升。以《GTA》等開放世界遊戲為例，單純第一方遊戲內容的邊界仍受到專業團隊產能的限制。但是，隨著玩家自己製作的 MOD 湧現，可以添加或替換遊戲內容，極大地豐富了遊戲的內容體系。

UGC 是內容生態的第一級引爆器，以頭部內容平台抖音、快手、B 站等為例，除了一部分專業的 PGC 內容生產者，廣大 UGC 內容創作者形成了不斷膨脹的內容庫，甚至部分 UGC 的內容生產能力達到了 PUGC 水準。其中 B 站在 2021Q1 的活躍內容創作者達 220 萬人，同比增長 +22%，月均高品質視頻投稿量達 770 萬件，同比增長 +56%；單活躍 Up 主月均視頻投稿量增加至 3.5 件，環比提升 0.5 件，從而帶動 B 站日均視頻播放量達 16 億次，同比增長 45%。

此外，大量高品質的 UCG 內容產出還需要引入 AI 賦能的內容創作。目前已有公司在進行 AI 創作的探索，如 Roblox 使用機器學習能將英語開發的遊戲自動翻譯成其他八種語言，包括中文、法語和德語。同時，像新華社聯合搜狗，以及字節跳動、百度、科大訊飛等廠商均已推出 AI 虛擬主播並實現交互

等功能。雖然我們仍處在人工智慧的發展階段，但人工智慧工具的升級和採用，能使內容創作步驟更輕鬆，進而使生產者專注於內容品質。隨著 AI 的不斷滲透，未來內容生產有望最終進入全 AI 創作內容。隨著大量高品質內容的湧現，使用者在虛擬世界裡將能夠獲得更加多元化的優質內容體驗。

隨著技術水準提升，未來內容的沉浸式體驗有望進一步升級。相比傳統視頻，元宇宙時代下的內容將以更真實、深入的方式呈現：

影視方面，以 AR/R 的互動劇的形式呈現，增加用戶的體驗感；結合多人社交互動模式，打造成沉浸式線上劇本殺；通過人工智慧實現真正意義上的開放式劇情，打造多重分支，並根據玩家選擇匹配相應劇情等等。

音樂方面，可以實現音樂結合沉浸式 MV 體驗，或結合 K 歌模式直接有機會和喜愛的歌手、愛豆在虛擬舞臺上同台表演。

小說閱讀方面，也可以實現沉浸式小說體驗。隨著內容體驗的進一步升級，我們認為元宇宙有望比當前的主流交互形式如短視頻、音樂等形式獲取更長的用戶時長，尤其是對於原生網際網路受眾群體。

▶ 長期：滲透生產生活

元宇宙的長趨勢其實是開放式命題。儘管目前各項前端技術在快馬加鞭，人類需求的升級節奏不斷加快，一定程度上都

加速了元宇宙的進度，但不確定性依舊很多。就好比站在 20
世紀末的我們，也不會想像到 30 年後人手一台手機，無紙化
辦公，開放式社交和數位化購物的今天已經實現。

但即便是有諸多的不確定，元宇宙的發展路徑也依然有跡可
循。顯然，元宇宙的滲透將主要發生在能提升生產生活效率
的領域。其中，以 VR/AR 等顯示技術和雲技術為主，全真網
際網路指導下的智慧城市、逐步形成閉環的虛擬消費體系、
線上線下有機打通所構成的虛擬化服務形式以及更加成熟的
數位資產金融生態將構成元宇宙重要的組成部分。區塊鏈技
術的發展則成為連接元宇宙底層與上層的橋樑。

顯然，在元宇宙的整體架構中，在基礎設施、資料和演算法
層之上、應用層之下，需要一套完善、縝密且成熟的技術系
統支撐元宇宙的治理與激勵。區塊鏈基於自身的技術特性，
天然適配元宇宙的關鍵應用場景。區塊鏈是一種按時間順序
將不斷產生的資訊區塊以順序相連方式組合而成的一種可追
溯的鏈式資料結構，是一種以密碼學方式保證資料不可篡
改、不可偽造的分散式帳本。區塊鏈藉助自身的特性可以用
於數位資產、內容平台、遊戲平台、共用經濟與社交平台的
應用。

一方面，元宇宙治理環節的特徵在於，元宇宙由無數中心化
機構和無數個人共同參與構建，因此應該是分散式、去中心
與自組織的。另一方面，元宇宙激勵環節的特徵在於確保數
位資產的不可複製，因此可以保障元宇宙內經濟系統不會產
生通貨膨脹，確保元宇宙社區的穩定運行。

憑藉區塊鏈技術，元宇宙參與者可以根據在元宇宙的貢獻度（時間、金錢、內容創造）等獲得獎勵。而代表不可替代的代幣，可以用來表示獨特物品所有權的代幣──NFT，將充當元宇宙激勵環節的媒介，在元宇宙中扮演關鍵資產的角色。

NFT 帶來的數位稀缺性非常適合收藏品或資產，其價值取決於供應有限。一些最早的 NFT 用例包括 Crypto Kitties 和 Crypto Punks（10,000 個獨特的像素化字元），像 Covid Alien 這樣的單個 Crypto Punk NFT 售價為 1175 萬美元。2021 年，流行品牌開始創建基於 NFT 的收藏品，例如 NBA TopShot，這些 NFT 包含來自 NBA 比賽的視頻精彩瞬間而不是靜態圖像。

NFT 使藝術家能夠以其自然的形式出售他們的作品，而不必印刷和出售藝術品。此外，與實體藝術不同，藝術家可以通過二次銷售或拍賣獲得收入，從而確保他們的原創作品在後續交易中得到認可。致力於基於藝術的 NFT 市場，例如 Nifty Gateway 7，在 2021 年 3 月銷售／拍賣了超過 1 億美元的數位藝術。

由於 NFT 引入的所有權機會，NFT 還為遊戲提供了重要的機會。雖然人們在數位遊戲資產上花費了數十億美元，例如在要塞英雄中購買皮膚或服裝，但消費者不一定擁有這些資產。NFT 將允許玩基於加密的遊戲的玩家擁有資產，在遊戲中賺取資產，將它們移植到遊戲之外，並在其他地方（例如開放市場）出售資產。

隨著未來元宇宙經濟系統的完善，泛娛樂沉浸式體驗平台將實現長足發展，元宇宙也將基於泛娛樂沉浸式體驗平台的基礎向更多的體驗拓展。部分消費、教育、會議、工作等行為將轉移至虛擬世界，同時隨著虛擬世界消費行為不斷升溫，將反過來帶動部分虛擬平台間實現交易、社交等交互。

未來，各個虛擬平台將作為子宇宙，逐漸形成一套完整的標準協議，實現各子宇宙的聚合並形成真正意義上的元宇宙。這些子宇宙依然保持獨立性，只是通過標準協議將交互、經濟等介面統一標準化實現互聯互通，元宇宙由此進入千行百業的數位化的全真網際網路階段。

7.2 創建元宇宙猶存困境

元宇宙是人們關於未來網際網路的美好設想。但是，當前技術條件下我們只是初步達到了步入元宇宙時代的門檻，網路、社交平台、VR/AR 技術只是人類進入元宇宙的基本前提。當前，元宇宙的發展仍要面臨諸多難題。若要更好地實現元宇宙低延遲、隨時便捷的特性，未來還需要在通訊和算力、對話模式，內容生產、經濟系統和標準協定等領城持續突破，拉近與元宇宙時代的距離。

▶ 消弭數位鴻溝道阻且長

從元宇宙發展角度來看，其得益於數位社會的發展，是當前網際網路的進階形態。全球網際網路用戶過去十年維持高增長，根據網際網路世界統計（IWS）資料，截至 2020 年 5 月底，全球網際網路用戶數量達到 46.48 億人，占世界人口的 59.6%，過去十年年均複合增速 8.3%。

社交平台的拓展與深化，建造了元宇宙的支撐框架。元宇宙最終要實現多個個體在虛擬世界的交互，在聚合用戶的過程中社交平台起到了關鍵作用。全球社交平台正在快速擴張中，We are social 和 Hootsuite 今年 1 月聯合發佈的《數位 2021 報告》顯示，目前全球社交媒體用戶數達 42 億，超出去年同期 4.9 億，同比增長超過 13%，占世界總人口的 53% 以上。

社交平台活躍用戶數量與日均使用時間均增長可觀。《數位2021 報告》顯示，2020 年 16-64 歲用戶日均在社交媒體花費的時間達 2 小時 25 分鐘。在全球主流社交平台中，6 個平台擁有超過 10 億的月活躍用戶數，排名前列的 17 個平台月活躍用戶數量均超過 3 億。

與此同時，元宇宙的發展也受制於數位社會的發展，數位鴻溝就是數位社會發展過程中的巨大障礙。數位鴻溝是一個多維的複雜現象，從國際到國內，從發達國家到發展中國家，都普遍存在。早在 20 世紀 90 年代，數位鴻溝的概念就已經被提出，隨著網際網路的日益廣泛使用，數位鴻溝成為一個籠統的標籤或比喻，用來說明人們對資訊傳播技術，特別是網際網路的採納和使用上存在的差距。

從全球範圍來看，根據聯合國教科文組織的統計，只有一半以上的家庭（55％）擁有網際網路連接。在發達國家中有87％的人口能夠上網，在發展中國家這一比例為 47％，而在最不發達國家中網路接通率僅為 19％。據統計，全球共有 37億人無法訪問網際網路，其中多數來自於較貧窮的國家。

另外，在一些國家，由於設備的成本過高，也使一部分人被鎖定在手機所有權之外。在撒哈拉以南非洲地區，1GB 資料（可以播放一小時標清電影）的費用接近當地月平均工資的40％。世界銀行的統計顯示，非洲有 85％的人每天生活費不足 5.50 美元，所以大多數非洲人認為自己已被數位鴻溝所隔離。

除了國際間的數位鴻溝，不論是發達國家，還是發展中國家也都存在不同程度的數位隔離。以美國為例，有超過 6％的美國人（即 2100 萬人）享受不到高速網路連接。在澳大利亞，這個數字為 13％，甚至還有近三分之一的高收入家庭也沒有連接網際網路。數字表明，即便在世界上最富裕的國家和家庭，也並非所有人都能擁有網路服務。

微軟一項名為 Airband 的農村網際網路項目研究表明，超過 1.57 億美國人不能以寬頻速度使用網際網路。史密斯表示，如果沒有適合的寬頻連線，這些人將無法開辦或經營現代企業、無法使用遠端醫療、不能接受線上教育，也不能對農場進行數位化改造或線上開展學術研究。

在中國，目前資訊技術開始向國民經濟各產業全面滲透，數位化的發展重心從消費領域向生產領域轉移，數位化成為產業轉型升級的重點。2018 年，我國產業數位化規模超過 24.9 萬億元，占 GDP 的比重達到 27.6％。但是，三次產業中，農業數位化進程落後、數位化增加值增長緩慢。2018 年，中國服務業、工業、農業中數位經濟占產業增加值的比重分別為 35.9％、18.3％ 和 7.3％，分別較 2017 年提升 3.28、1.09、0.72 個百分點，農業產業顯著落後。

另一方面，發展中地區與已開發地區、城鄉地區之間的數位鴻溝並未隨著中國經濟的快速發展而消失。2020 年 4 月，中國網際網路路資訊中心發佈第 45 次《中國網際網路發展狀況統計報告》顯示，截至 2020 年 3 月，我國網際網路普及率達到 64.5％，而農村網際網路普及率僅為 46.2％，農村線民規模僅為城鎮的 39.3％，占非線民整體的 59.8％。

毫無疑問，數位鴻溝帶來的影響是廣泛而又深遠的，數位鴻溝的存在和持續擴大，會使得基於數位經濟的利益分配趨向不均等化，也阻擋社會進入真正的元宇宙時代。因此，在全球範圍內實現網際網路全面覆蓋每一個體的終極目標是元宇宙發展必然要克服的障礙。

🔘 仍需突破技術桎梏

以 5G、雲端計算、人工智慧、VR/AR 為代表的數位技術的快速反覆運算和高速發展，為雲宇宙的出現提供了技術支撐。但同時，雲宇宙的進一步發展也受現階段技術水準的桎梏。不論是 5G 和雲端計算，還是算力和人工智慧，亦或是 VR/AR/MR，現階段的技術水準和行業生態都尚未完全成熟，技術力依舊有待提升。

任何技術的發展都有其週期，這一理論框架在 1995 年由高德納諮詢公司（Gartner）提出，正用於分析預測及推論新科技的成熟演變速度，以及達到成熟需要的時間，用以追蹤新興技術的演進，它包括五個階段。簡單點說，技術成熟週期表明，新技術的生命週期趨於一致且遵循著五階段模式。

第一階段是「技術萌芽期」，這意味著一種新技術誕生。往往是這種新技術在參加了一些行業前端展覽會譬如消費電子展（CES）之後，由於其新奇性、高科技含量被各大媒體廣泛報導。第二階段是「期望膨脹期」，一些企業推出產品。在這一階段，有很多成功的案例，也有很多失敗的案例，讓很多企業暫停創新。第三階段是「幻想破滅期」，新產品、新服務達

不到公眾的預期。一旦進入第四階段的「復甦期」，那麼此後新技術將穩步發展，步入成熟期並最終躋身主流市場，即進入第五階段的「實質生產高峰期」。

正如《掌握技術成熟週期》的作者馬克所言：「人們通常會為一個新創意實現的可能性感到興奮，因為它意味著可能對現實產生巨大的衝擊，然而有時企業要意識到把一個創意變成現實是異常困難的……有時候需要幾年時間才能解決問題。在經過了第三階段幻想破滅期的淘汰之後，市場剩存的已經不多了，而那些還能繼續存活下來的，往往經過了重塑、重新包裝或再度改造。」

不論是 VR，還是人工智慧，都經過這樣的週期。VR 在 2016 年曾被視為朝陽產業，被列入「十三五」資訊化規劃等多項國家政策檔，國內廠商也紛紛入局，整個行業處於井噴狀態。但由於技術不成熟和價格高昂，2017~2018 年，行業進入嚴冬。直到 2019 年和 2020 年，隨著 VR 內容生態的完善和 Oculus 產品的爆賣，VR 行業才重新進入高速發展期。

人工智慧在 1956 年誕生後，成為當時熱門的研究技術。即便是在 20 世紀六十年代，抽象思維、自我認知和自然語言處理功能等人類智慧對機器來說還遙不可及的情況下，研究者們依然對人工智慧保持美好願景與樂觀情緒。當時的科學家們認為具有完全智慧的機器將在二十年內出現，以至於當時對人工智慧的研究幾乎是無條件的支持。時任 ARPA 主任的 J.C.R.Licklider 相信他的組織應該「資助人，而不是專案」，並且允許研究者去做任何感興趣的方向。

但是好景不長，人工智慧的第一個寒冬很快到來。70 年代初，人工智慧開始遭遇批評，即使是最傑出的人工智慧程式也只能解決它們嘗試解決的問題中最簡單的一部分，也就是説所有的人工智慧程式都只是「玩具」。人工智慧研究者們遭遇了無法克服的基礎性障礙。隨之而來的還有資金上的困難，人工智慧研究者們對其課題的難度未能作出正確判斷：此前的過於樂觀使人們期望過高，當承諾無法兌現時，對人工智慧的資助就縮減或取消了。

如今的元宇宙，作為諸多技術的集大成者，並不是成熟的。元宇宙的概念似乎正停留在技術成熟週期的第一階段，飽受關注卻又緩慢發展。元宇宙還將經歷諸多的考驗，其發展也可能比預想中的更難、更貴和更慢。

缺乏標準協定和經濟系統

標準協定和經濟系統是元宇宙將無數子宇宙聚沙成塔的關鍵要素。類比 PC 網際網路和行動網際網路時代的 TCP/IP 協定和 TD-LTE 標準，元宇宙的形成需要一套完整的標準協定，其中包括使用者身份、數位資產、社交關係、應用 API 等方面的一系列通用標準和協議。

標準協議的存在可以讓使用者在元宇宙下的身份在各大公司旗下的平台（子宇宙）中實現互通，同時使用者所持有的數位資產和內容同樣需要互通。此外，各個平台之間的 API 需要實現標準化從而允許資料、交易等資訊在各個子宇宙中交換和流通，而這涉及海量的開發工作量。元宇宙的形成還需要

像騰訊、Facebook、Roblox 等一系列平台之間達成標準化協定，同時也需要保證元宇宙符合各個國家和地區政府的合規要求。

並且，元宇宙還需要基於 NFT 模式形成一套將數位資訊資產化的機制，並形成能夠流通交易的經濟系統。除此之外，NFT、數位貨幣（去中心化如比特幣等，中心化如數位人民幣）、現實貨幣等需要形成一套完整的支付、兌換、提現等體系。只有形成了完整的標準協定和經濟系統，元宇宙才能實現真正意義上的積沙成塔。

假設沒有標準協定和經濟系統，雖然像騰訊、Facebook 等巨頭以及米哈遊、Roblox、Epic Games 等廠商可以在技術水準不斷提升的基礎下實現搭建出若干子宇宙的願景，但子宇宙之間是相互割裂的。這並不能形成元宇宙，而僅僅是一系列高度沉浸的遊戲、社交或產業網際網路平台。標準協定和經濟系統的出現則將一系列子宇宙聚合成為一個真正意義上的元宇宙，並且這些子宇宙依然保持獨立性。只是通過標準協議，才能將交互、經濟等介面統一標準化，實現互聯互通。

元宇宙的形態將會隨著科技水準提升而不斷擴張。同時，各個賽道將通入元宇宙體系，打通虛擬和現實的邊界，實現在遊戲、社交等泛娛樂領域，以及學習、生產、生活等千行百業數位化的全真網際網路時代。

7.3 亞健康的元宇宙

在硬體、基礎設施加速推進之下，元宇宙雛形已經初現。展望未來，元宇宙還將在平台生態、硬體需求、基礎設施、內容形態等方面帶來全新的機遇。但目前，元宇宙產業還處於像素遊戲的初級階段。元宇宙產業生態系統也處於亞健康狀態，距離實現真正的平行虛擬世界仍然任重道遠，因為其還具有新興產業的不成熟、不穩定的特徵。展望未來，元宇宙發展不僅要靠技術創新引領，還需要制度創新，包括正式制度和非正式制度創新的共同作用，才能實現產業健康發展。

▶ 輿論泡沫有待去除

在資本的吹捧下，非理性的輿論泡沫呼應著非理性的股市震盪。2021 年 3 月，業內人稱「元宇宙第一股」的美國遊戲公司 Roblox 在紐交所掛牌上市。上市首日收盤上漲 54.4%，市值突破 450 億美元，與前一年的估值相比暴漲 10 倍。這直接推動了「元宇宙」概念的出圈，讓其成為投資人競相奔赴的熱門賽道。

一個月後，遊戲開發商 Epic Games 宣佈完成 10 億美元的巨額融資，用於打造「元宇宙」空間。7 月，Facebook 創始人祖克伯格在 Q2 財報會上宣佈，將成立元宇宙專案團隊，最終目標是在 5 年後將 Facebook 完全轉型為「元宇宙」公司。除此之外，在圖像技術領域有著較深厚技術積累的輝達也看中

了這一領域。8 月初，公司宣佈將聯手 Adobe 和 Blender，對 Omniverse 進行重大擴展，在未來會向至少數百萬「元宇宙」用戶開放。

國內巨頭中，騰訊、字節跳動、網易、百度等也成為了「元宇宙」的忠實追隨者。甚至早在 2012 年，騰訊就已瞄準這一賽道，並在 Roblox 上市前就對此進行了投資。此前更購入 Epic Games 超 40% 的股份，用於打造社交、直播、電商等全業務領域的元宇宙生態。

隨著市場的活躍，資本對「元宇宙」賽道也表現出了極高的熱情。字節跳動收購 Pico 的消息一經傳出，便在二級市場引起了極大的關注。A 股多支 VR、AR 概念股均發生異動，寶通科技、金龍機電一度漲停，歌爾股份盤中大漲。經緯中國、真格基金、五源資本等一線基金也在積極入局。比如，五源資本在遊戲引整方面投資了 Bolygon，遊戲領域投資了 Party Animal 團隊等，虛擬 AI 方面投資了超參數和元象唯思等公司，在社交領域投資了綠洲 VR，幾乎覆蓋了「元宇宙」賽道的全部重點領域。

大把「熱錢」正在湧入元宇宙概念股。據 VR Pinea 資料統計，僅 6 月，我國 VR/AR/AI 領域就有 27 筆融資並購。此外，從錘子科技獨立出來的 VR 工作室 Recreate Games，於去年 10 月打造的國產獨立遊戲《動物派對》Demo 大火後，投資方此前根據「元宇宙」概念給出了數億元估值，身價瞬間翻倍。

不難發現，儘管還是一個新生市場，但巨頭已經開始爭搶「元宇宙」的入場門票。知名諮詢機構 IDC 預測，2021 年全球 VR 虛擬實境產品同比將增長約 46.2%，未來幾年將持續將保持高速增長；2020 年至 2024 年的平均年複合增長率或達到 48%。

然而，從產業發展現實來看，儘管目前元宇宙呈現加速發展態勢，但仍處於 0 到 1 的早期階段。元宇宙產業仍處於社交＋遊戲場景應用的奠基階段，還遠未實現全產業覆蓋和生態開放、經濟自治、虛實互通的理想狀態。元宇宙的概念佈局仍集中於 XR 及遊戲社交領域，技術生態和內容生態都尚未成熟，場景入口也有待拓寬，理想願景和現實發展間仍存在漫長的「去泡沫化」過程。市場要真正成型，至少還需要數年時間。

以內容為例，目前國內儘管已擁有 Pico 等在內領先的「元宇宙」硬體廠商，但與之搭配的遊戲、影音等 VR 內容生態卻並不健全。目前真正能被稱得上已出圈的 VR 高品質內容只有《節奏光劍》、《半衰期：愛莉克斯》等幾款，真正硬核的 VR 內容是缺乏的，這會勸退一大批用戶，無法吸引他們長期使用。更關鍵的是，這其中還涉及使用者隱私資料收集、虛擬空間社會體系建立等敏感問題，這些都會成為巨頭構建「元宇宙」生態過程中的阻礙。

顯然，通過創造新概念、炒作新風口、吸引新投資進一步謀取高回報，已成為資本逐利的慣性操作。從拉升股價到減持

嫌疑，從概念炒作到資本操縱，從市場追捧到監管介入，雛形期的元宇宙仍存在諸多不確定性，產業和市場都亟需回歸理性。

▶ 經濟風險需要規避

事實上，元宇宙經濟就是數位經濟的一個最佳範例，元宇宙是一個完整的、自洽的經濟體系，是純粹的數位產品生產、消費的全鏈條。元宇宙經濟並非是單純的產業革命，它革新了價值創造的方式，再定義了價值分配的過程，與植根於傳統實體經濟的舊思想、舊秩序以及舊階層存在顯著的矛盾。要緊跟元宇宙經濟變化發展，就需要更科學地認識元宇宙經濟基本面，規避元宇宙發展中可能出現的經濟風險，推動元宇宙經濟健康發展。

首先，元宇宙將是一個持續運轉的世界，企業如何通過元宇宙商業變現是必須長遠考慮的問題。在 Roblox 遊戲中，玩家使用虛擬貨幣「Robux」購買特定遊戲的進入權、購買虛擬角色等，Roblox 作為平台方從交易中抽成。這樣的模式裡，遊戲內部形成了經濟系統。資料顯示，2020 年約有 127 萬開發者在 Roblox 上獲利，其中有 1287 人的虛擬貨幣收入至少 1 萬美元。

不過，根據財報來看，自 2004 年成立以來，Roblox 目前還處於高增長高虧損的狀態，2020 年淨虧損 2.53 億美元。因此，在商業層面上，玩家、遊戲商、平台等相關方資金如何分

成、商業模式還有待明晰。並且，除了社交、直播、遊戲、藝術等方面的變現，元宇宙還可以通過智慧硬體、AI 服務、數位貨幣以及生態應用商店來完成商業化變現。不論是怎樣的變現管道和途徑，商業模式都需要進一步明晰。

其次，元宇宙與國家還存在深刻張力。不同國家或擁有不同的元宇宙，又可同時打造跨國元宇宙，彼此之間存在競合關係。對於本國來說，政府的元宇宙經濟戰略顯得更加重要。這也提示我們，在新元宇宙時代，需要採取更全面、主動的舉措發展元宇宙經濟。這意味著政府在制定元宇宙經濟戰略時，應綜合考慮不同政策能為經濟活動各領域帶來的潛在收益以及面臨的阻礙。

事實上，在元宇宙產業的發展路徑選擇上，從物理世界過渡到虛擬的元宇宙的過程當中將面臨許多現實困境：新事物的出現對傳統的運行和監管方式帶來了衝擊，體制機制壁壘眾多。在技術層面上我國技術基礎比較薄弱，技術儲備不足。目前的資料治理缺乏手段，對資料要素如何進行採集、儲存、管理、共用依舊有待解決。這也提示我們，對於元宇宙經濟的發展，需要制定最符合本國國情的數位化戰略。在政府層面，一是強化頂層設計，發展路徑的探索需要頂層設計來給企業做相應的指導；二是強化數位管理和數位立法；三是構建公平開放的市場環境。

元宇宙經濟以非排他性的資料為生產要素，能夠打破邊際遞減效應的瓶頸，為經濟的持續增長提供動能，是全球經濟走

出存量博弈邁向升維競爭的良方。元宇宙經濟發展還將進入新階段，在這樣的背景下，更應建立對元宇宙經濟的高乘數效應清醒而正確的認識，從而構成元宇宙經濟與實體經濟適配的帕累托最優狀態，在升維競爭中佔據高地。

最後，雖然元宇宙中的貨幣體系、經濟體系並不完全和現實經濟掛鉤，但在一定程度上可通過虛擬貨幣實現和現實經濟的聯動。當元宇宙世界中的虛擬貨幣相對於現實貨幣（法幣）出現巨幅價值波動時，經濟風險會從虛擬世界傳導至現實世界。元宇宙在一定程度上也為巨型資本的金融收割行為提供了更為隱蔽的操縱空間，金融監管也需從現實世界拓展至虛擬世界。

📍 元宇宙尚無法律可規制

儘管元宇宙從遊戲發端，但元宇宙顯然不是一場遊戲。新興技術來臨時，現行規章勢必與其有所齟齬。數位時代網路空間本就存在著使用者隱私、詐騙、病毒、非法獲取資訊等安全監管問題，這在元宇宙中同樣需要考慮。比如隱私風險，比如智慧財產權。

（一）隱私收割如何遏制

元宇宙作為一個超越現實的虛擬空間，需要對使用者的身份屬性、行為路徑、社會關係、人際交互、財產資源、所處場景甚至是情感狀態和腦波模式等資訊進行細顆粒度挖掘和即

時同步。這對個體資料規模、種類、顆粒度和時效性提出了更高層面的要求。元宇宙時代的資料特點還將反作用於個人資訊和隱私資料，並對其產生深遠的影響。

首先，元宇宙時代的隱私資料還將有一個指數級的增長。元宇宙建立在大資料之上，其資料具有大規模、強即時的特點，資料的數量、種類、非結構化程度以及資料收集的頻次、即時性、顆粒度將產生極大幅度的提升。

在多重技術支援下的大規模資料收集會更多地觸及個人資訊和隱私資訊，而通過對大量資料的挖掘和整理，就能輕易的為做出用戶畫像。劍橋分析的「種子用戶」來自一款發佈在 Facebook 上的心理測試 APP，這個心理測試通過分析點讚等社交行為，給一個人進行心理畫像。「每個美國人身上有 5000 個資訊點，基於這些資訊點，結合心理學分析，就足以建構一個人的性格模型。」

分析 10 次點讚行為，演算法對你個性的分析就能比你同事更準確；只需要 68 個「讚」，就可以估計出用戶的膚色（準確率 95%）、性取向（準確率 88%）、黨派（共和黨或者民主黨，準確率 85%）；有 150 個點讚資料，對你的瞭解程度可以超過你的父母；超過 300 個點讚資料，對你的瞭解就會超過你的伴侶。

此外，資料高度關聯，隱私牽一髮而動全身。元宇宙時代眾多場景下的應用高度依賴資料的關聯操作，在創造更多價值的同時，也大幅提升了隱私資料的管理難度。相比於過去，

傳統分析框架下的資料區隔較為明顯，卻也將隱私資料限定在了有限的範圍和部門內。

在元宇宙時代，更多的資料被打通，貫穿使用，與隱私資料關聯後的各類資料也很可能變得高度敏感。雖然可以採取脫敏、去標識化等技術，在應用過程中加以處理，但由於整體環節眾多，隱私洩露潛在威脅點也隨之增加。科技的進步使我們資料的準確性、即時性都將產生飛躍的發展，建立於其上的各類應用在滿足生產、生活、管理需求的同時，也必將更多地滲入關係國計民生的關鍵領域（如醫療、健康、金融）。一旦隱私資料被洩露，將產生非常嚴重的後果。

最後，元宇宙時代的資料還具有處理專業性強的特點。隨著人工智慧的快速發展，深度神經網路等新技術得到了更廣泛的運用。基於人工智慧的資料處理很多是基於黑盒模式的，這會導致非專業人士瞭解資料處理過程變得非常困難，且容易導致如數據歧視、演算法歧視等倫理問題。

演算法暗箱顯現了使用者資料權利與機構資料權力的失衡現象。資料是使用者的，演算法是機構的；資料的收集和使用，對消費者個人而言是被動的，對機構而言則是主動的；機構設計的演算法是其意志的模型化，演算法賦予機構巨大的資料權力，主動權總是掌握在機構手中。

對機構而言，資料是透明的，哪裡有資料，哪裡就有機構。資料是使用者的，但使用者並不知道自己的資料如何安放和

被使用，個體資料權利和機構資料權力的不對稱。資料處理專業性強的特點不可避免地使得個體的隱私邊界近乎失守。

顯然，資料隱私是大資料時代到元宇宙時代避無可避的難題，個體隱私資料作為支撐元宇宙持續運轉的底層資源需要不斷更新和擴張。這些資料資源如何收集、儲存與管理？如何合理授權和合規應用？如何避免被盜取或濫用？如何實現確權和追責？又如何防範元宇宙形態下基於資料的新型犯罪形式？

（二）智慧財產權如何確權

智慧財產權問題可以說是網際空間中一直存在的一個「頑疾」。事實上，在「網際網路＋」時代，文創產業迎來了新的發展機遇。但是，也正是因為網際網路的網路效應、快速傳輸、低成本性，各種盜版技術的層出不窮，使文創產業面臨著盜版猖獗的巨大經濟損失。

首先，網路盜版直接帶來的是諸如工作流失、版權價值縮水、損失大量優秀作品的負面影響；其次，由於網路盜版內容的低俗，加上虛假廣告、木馬病毒、作品品質低下等特點，劣質內容也給使用者體驗帶來極壞的體驗，影響消費者對正版作品的感受，造成版權市場的惡性循環。

原本隨著知識經濟的興起，IP 本應成為文創產業的核心競爭力要素。但網際網路產業生態圈裡智慧財產權侵權現象卻愈演愈烈，網路著作權官司糾紛頻發，原創盜版遍地、舉證困難、維權成本過高等問題成為文創產業的尖銳痛點。

規範和技術是解決法律問題的兩種途徑，當法律事後規制的成本較高時，區塊鏈技術提供了更低成本更有效率的進路。使用區塊鏈技術，可以通過時間戳記、雜湊演算法對作品進行確權，證明一段文字、視頻、音訊等存在性、真實性和唯一性。一旦在區塊鏈上被確權，作品的後續交易都會被即時記錄，文創產業的全生命週期可追溯、可追蹤。這為 IP 權利證明、司法取證等提供了一種強大的技術保障和可信度很強的證據。

雖然區塊鏈技術為認證、確權、追責提供了技術可能性，但在元宇宙空間大量的 UGC 生成和跨虛實邊界的 IP 應用加劇了智慧財產權管理的複雜性和混淆性。

元宇宙是一個集體共用空間，幾乎所有人都是這個世界的創作者，這也衍生了大量多人協作作品。這種協作關係存在一定的隨機性和不穩定性，對於這種協作作品和團體著作權，仍需要有確切規則。

元宇宙中的虛擬數位人、物品、場景等元素很可能是來自或者改編於現實世界對應實體，這種跨越虛實邊界的改編應用很可能會引發智慧財產權糾紛，包括人物肖像權、音樂、圖片、著作版權等。元宇宙內以人工智慧打造的虛擬人和物品可能會引發版權糾紛。比如，歌手在元宇宙世界進行演出，究竟是商業演唱會形式，還是線上播出管道，繼而涉及音樂版權和肖像權問題。

當虛擬遊戲中的一個或多個玩家合作創建虛擬商品或虛擬世界時，誰擁有它？這個產物擁有版權嗎？是否有可能在虛擬世界中創建、保護或使用品牌形象？內容創作者可以部署哪些策略來保護他們在虛擬世界中的品牌？對於以 C 端業務為主的企業，這些將是至關重要的問題。

顯然，元宇宙的風口是存在的，元宇宙也確實是值得期待的未來，只不過它的發展節奏不僅僅與 AR、VR、5G、雲端計算等技術的發展、成熟度強相關，其內容秩序、運行機制等還需要經過公眾和社會的多輪討論。

7.4 元宇宙價值新取向

理想概念中元宇宙是高自由度、高開放度、高包容度的「類烏托邦」世界。作為各種社會關係的超現實集合體,當中的道德準則、權力結構、分配邏輯、組織形態等複雜規則也需要有明確定義和規範。人類具有完全不同的價值取向和信仰,如何確定支持元宇宙的文明框架體系是一個複雜的問題,同時還需考慮到如何建立現實世界和元宇宙之間的健康互動關係。

高自由度不意味著行為的不受約束,高開放度也並非邊界的無限泛化,元宇宙的社會性很可能比現實還要複雜,社會體系有望發生重大變革。元宇宙發展的同時,與之相關的倫理、道德等都必須隨之發展,不然帶給人類的很可能不是幸福而是災難。如何在去中心化的框架中構建元宇宙的倫理框架共識,仍需從多視角去進行探索。

🔘 元宇宙帶來衝擊和挑戰

元宇宙的出現的確給人類的交往活動和生存狀況帶來了巨大的衝擊和影響,並使得作為「類存在」的人類主體的社會性與共同性得到了一種空前的伸延和擴展。元宇宙的沉浸性、交互性與構想性將使得人沉浸於虛擬環境當中,並與虛擬的環境和虛擬的物件以一種自然的、即時的無障礙地進行交互作用。

但同樣不可否認的是，元宇宙又在同時以一種抽象的、另類的方式表現出來，不僅增加了人們行動環境的符號性和虛擬性，而且也極大地改變了人類生活世界的面貌，給人類對於自身生活世界之本性和全貌的認知和確認帶來了巨大的挑戰。

實際上，自 19 世紀以來，隨著科學技術的突飛猛進和工業文明的快速擴張，人類的生活世界就已經開始從自然形成向人工創造發生轉變。一方面，在人類生活世界的社會環境部分中，以人與人之間原始性的聯繫（如血緣、地緣）為基礎的社會組織包括家庭、家族、宗族、鄰里、社區和村落等，逐漸被以具有目的性的法人行動者為基礎的各種各樣的人工建構的社會組織所取代。另一方面，在人類生活世界的物質環境部分中，自然形成的物質環境如青山綠水和森林原野等，也逐漸被摩天大廈和高速公路等這些人工建構的物質環境所取代。

但儘管有此二種轉變，在以網際網路為基礎的元宇宙出現以前，人與自然之間還是維持著一定的距離，虛擬與現實仍然可以清楚地區分。然而，網路的發展以及元宇宙趨勢的出現，卻無疑包含了與過去種種人為的科技創新成果根本不同的性質。

在元宇宙中，人類大幅度地創造著更為眾多、更為縹緲也更為離奇的符號，這不僅使得人的生活世界越來越為這些人造的符號象徵世界所制約、消融，使得人類在認知上對虛擬與真實世界原先相對清楚的區分界限趨於模糊，而且更使得

「自然」和「實在」概念在人類的生活世界和認知世界中原先所具有的初始和基礎地位受到了挑戰。

元宇宙的出現不僅代表了一個要求有嶄新的思考和行動方式的時代的來臨，同時也預示了一個新的、不同的社會結構的浮現。換句話說，在元宇宙導致了真實和虛擬的混沌和交融，並由此深刻變革了人類社會生活的場所和狀況以前，我們註定要面對如何建立元宇宙並以之為基礎去把握人類未來生存方式的問題。

數位時代的新起點

雖然想要發展至真正的元宇宙仍存在諸多尚待解決的理論問題和技術障礙，但元宇宙可能對人類生活所產生的巨大影響已經出現端倪。搭建元宇宙的底層技術群正日益滲透到人類生活的科學、經濟、政治、文化等各個領域，從而對人類的社會生活產生了巨大影響。

可以說，元宇宙的發展將是科學技術發展的必然結果，就像我們無法對抗大自然的力量一樣，我們也無法否定數位化時代的存在，無法阻止數位化時代的前進。未來的元宇宙將不僅會深刻地影響人類認識世界、改造世界的能力和方式，還將悄然改變著人們學習、工作和生活的環境，以至越來越多的人開始習慣於在元宇宙中生存和發展。人類也將從此開始穿梭於現實世界和虛擬世界之間。

元宇宙時代是一個全新的開始，不僅是作為工具的技術的革新，更造成了人們的生存方式、生活方式、認知方式、思維方式和價值觀等發生巨大轉變。在某種意義上，元宇宙改變了我們這個世界，也改變了我們人類自身。

元宇宙的出現對於人類認知主體的認識結構的完善和認識能力的提升都產生了前所未有的影響。元宇宙豐富了主客體之間的認識關係，加深了人們對於這種關係的理解，擴大了人類認知與知識的來源，為人類的實踐活動提供了一種嶄新的途徑。因此，元宇宙的出現將對傳統的認知範式產生重大影響，在很大程度上，可以說是造成了認知範式的虛擬性轉向。

元宇宙是一系列前端科技的集合，而技術又是人的存在方式，人類的世界本質上是一種技術的生活世界。在這個世界中，技術是由人建構的，是人的自我創造，自我展現的過程，同時也是人被創造和被展現的過程。元宇宙不僅在人們處理人與物理世界的關係中具有革命性意義，而且在人與人、人與社會的關係當中也具有重要的意義。元宇宙將極大地促進人們對複雜性事物的探索，從而為人類建立複雜性的思維方式提供了一個良好的範本。

因此，建立元宇宙新的價值取向的時候，只有把技術與人的現實生活聯繫在起來，盡可能地考察元宇宙建立的各種社會層面的因素，人們才能為元宇宙的發展方向及其制定相關的技術發展策略提供有益的指導，從而少走彎路。未來，我們應儘量避免在元宇宙發展中出現的不必要的浪費。節省人

力、物力與財力，提高技術創新的效率，提升技術創新的水準與能力，更加充分、有效地發揮元宇宙在人類認識世界和改造世界中的巨大潛力。

▶ 以「共生」為導向

秉持一種「共生」的理想和理性，或許是一種較為合理而明智的選擇。進一步說，為了使元宇宙能夠真正成為人類通向幸福的階梯，為了讓資訊網路化能夠成為一種真正值得人類憧憬的理念與現實，我們需要確立一種以「共生」為導向的理念。即在建立元宇宙的過程中，以尋求虛擬和現實的共生作為設計和建構人類未來生活世界的一種基本價值和理想，並以此為基礎，去建立一種能夠展現和支撐人類未來生存方式之合理前景的行動平台。

（一）回歸仁義禮信

遵循中國傳統倫理現實的邏輯起點「義利統一」，是建立元宇宙倫理的必要。

所謂「義」，《中庸》中解釋：「宜也。」《管子》將義解釋為：「義者，謂各處其宜也。」就是說「義」是適宜、應當、適當的意思，「義」的這一含義早在春秋戰國時期就比較明確。《左傳·隱西元年》載鄭莊公語：「多行不義，必自斃。」又在《莊公二十二年》說：「酒以成禮，不繼以淫，義也。」《國語·周語下》也說：「義，所以制斷事宜也。」由此可見，所謂的「義」，是指思想和行為適宜於禮。「義」作為適宜於禮的道德

要求，其一般含義就是使自己的思想和行為符合一定的道德標準，達到「義節則度」。

所謂「利」則是指利益、功利。《國語·晉語二》中説「夫義者，利之立也；貪者，怨之本也。廢義則利不立，厚貪則怨生」；《禧公二十七年》説「德義，利之本也」；《國語·周語下》也説「言義必及利」。可以看到，「義」之本體與「利」之客體，價值與功利，二者關係，合二為一、融為一體。

義利統一的倫理原理，是中國傳統倫理的本質基因，自始至終貫穿於我國倫理學的全過程。「義」與「利」的關係，在元宇宙時代下，必然體現道德思想行為與功利經濟行為的因果聯繫。建立「義利統一」的倫理原則，將幫助建立良好的元宇宙社會秩序，令元宇宙行穩致遠。

（二）以人為本

在元宇宙的世界裡，通過人性化的介面，使用者可以進入到想像的空間當中，而當用戶離開元宇宙時，一切都消失了，結果主體無縫地穿梭於兩個世界之間。也就是説，人們完全決定了整個元宇宙存在的方式、狀態以及時間的長短。

在這樣的背景下，人類將能夠更加關注元宇宙能夠為我們做些什麼，我們又能夠在元宇宙做些什麼：如何才能夠通過充分利用元宇宙的強大潛力來彌補人類自身的不足，從而最大限度的發揮人類的潛能；又如何應用人類的智慧與才智打造更加豐富的元宇宙，並由此形成正向的回饋。這個搭建元宇宙的過程，需要遵循以人為本的原則，全面地理解人和人的

需要。真正地以人為本，才可以創造出最適合人類發展的元宇宙。

（三）自律原則

自律原則是以「自發」為特徵的道德自律，無需外部環境的監督和控制，只以自身的自我約束，就能遵守的道德規範和道德準則。皮亞傑說：「當心靈認為必須要有不受外部壓力左右的觀念的時候，道德自律便出現了。」自律並不意味著沒有規則、沒有秩序，更不意味著不需要他律。自律是在他律的指引下逐漸形成的，是人們在反復實踐外在行為準則的過程中不斷昇華的結果。

在元宇宙的創建過程中，每個參與者都應當做到自律，有明確的道德立場和道德認知，對個體可能造成的社會影響具有清醒的認知。以遊戲行業為例，在遊戲開發技術日新月異的今天，遊戲的擬真化程度日益提高，遊戲開發者應特別注意遊戲中暴力、血腥、色情等內容對於遊戲受眾的影響，拒絕將這些因素作為遊戲作品的噱頭。同時，遊戲開發者還應在追求經濟利益的同時，在遊戲作品中主動宣揚「正能量」，比如匡扶正義、對抗邪惡等等。

7.5 從現實中來，到現實中去

「虛擬」並不神秘，它歸根結底是人類抽象思維的一種特性。事實上，「虛擬」本身也貫穿了人類文明和文化發展過程的始終。

在人類文明的發展進程中，首先出現的是「實物虛擬」。在語言符號出現以前，人類的資訊傳輸主要靠實物和人體自身的表達特徵。雖然實物和人體是資訊傳輸的介質和媒體，但它們所表徵和傳輸的資訊卻具有「虛擬」的性質。「實物虛擬」是以一定的具體實物作為媒體介質，表達一定的意義和資訊。

其次出現的是「符號虛擬」。自從文字符號出現之後，人類的大部分資訊就通過文字符號進行傳輸和貯存，文字符號也就此成為媒體的物質介質。雖然人類使用的文字符號是一種有形的媒體介質，然而文字符號所傳輸和貯存的資訊卻是無形的，具有「虛擬」的性質。

「虛擬」的第三個階段就是當前在經歷的「數位虛擬」。「數位虛擬」依託於網際網路技術及一定的符號和圖像，其虛擬的資訊是轉換成電腦語言後的數位化資訊。這些資訊以 0 和 1 的二進位為換算法則和運算因數，以比特為資訊的基本單元。「數位虛擬」對現實的虛擬是超時空、大容量、逼真無損、共用和全方位的，它使「虛擬實境」真正成為可能。元宇宙則徹底將這種「可能」變成了「現實」。

當然，元宇宙作為功能意義上的一種技術群存在，是資訊技術發展的高級階段。但從社會角度，還需要指出，元宇宙的生成與發展依賴於現實世界，又反作用於現實世界的發展。

一方面，元宇宙不完全是一種人造的數位化空間或現實世界的數位化映射。元宇宙作為人類製造出來的一種現實性的非實在事物，其非實在性，在於元宇宙中的一切事物包括它本身都是資訊的集合而非物質的集合。另一方面，元宇宙也只能部分地、有條件地反映出人類思維空間中的事物。元宇宙是虛擬演化的最終形態，區分其與現實世界的關係對於人類社會的發展具有重要意義。

▶ 元宇宙的誕生離不開現實世界

無論是從元宇宙的構成還是從其發展來看，「元宇宙」都是依託於現實世界的，只是現實世界的一種再現和折射，現實世界始終是「元宇宙」的終極原因所在。

首先，「元宇宙」在時間和邏輯上都在現實世界之後。在「元宇宙」的技術基礎這一意義上，「元宇宙」的「真」是由現實世界如軟體、全息圖像、電腦設備、自然語言、傳感手段和模式識別等物質載體所支撐的。儘管元宇宙中的世界具有不同於現實世界的特點，但元宇宙歸根到底是由現實世界所製造的。

當然，目前，元宇宙技術還是很「初級」的，但即便元宇宙技術發展到了最終的理想狀態，「元宇宙」仍然要以現實世界

為基礎，而不是脫離其物質載體而獨立存在。這是由人類生存和發展的規律所決定的。從更廣泛的意義上說，人類認識和改造現實世界的程度決定了「元宇宙發展」的程度。

「數位化虛擬」既直接體現了現時代的人類認識和改造現實世界的能力，又直接反映了現時代的人類認識和改造現實世界的局限性。人類對現實的客觀世界的認識和改造，從而對自身的認識和改造，是一個無止境的過程。與之相適應，「數位化虛擬」的發展也是一個無止境的過程。

其次，「元宇宙」作為人藉助於現代科學技術模擬和建構的世界，之所以能與人們在現實世界的直接存在方式相似，從根本上說，是因為人首先是現實世界的主體，然後才是「元宇宙」的主體。人首先創造了屬人的現實世界，然後創造了屬人的「虛擬世界」。人是這兩個世界的主體，是這兩個世界的創造者。

正是在這個根本點上，現實世界與「元宇宙」連結了起來。無論是現實世界的主體，還是「元宇宙」的主體，都是活生生的現實的人。人按照自己的需要和利益，改造現實世界，同時按照自己的需要和利益對現實世界進行模擬和建構，創造出一個屬人的「元宇宙」。

因此，無論是現實世界，還是「元宇宙」，都是人的本質力量的實現和體現。就「元宇宙」而言，人作為其建構者和操作者，使得「元宇宙」裡的事物、情景所造成的實在感必然是以主體的現實景況為基礎的；「元宇宙」的技術裝備必須由現

實的主體人穿戴方可發生效用。在人與「元宇宙」中的物件進行交互作用的過程中所產生的視、聽、嗅、觸等多重感官信號，只有現實的人才有能力識別。

「元宇宙」對現實世界的主體人的強依存關係，決定了「元宇宙」的生成必然要依託於現實世界。「元宇宙」的客體來源於現實世界。「元宇宙」作為人類表達現實世界的一種方式，它的特殊性表現在運用 0-1 二進位的數位表達對現實世界進行「數位化模擬和建構」。

一方面，「模擬」必然是與現實世界客體密不可分的。「元宇宙」之所以能夠讓人經驗到與現實世界相似的感官體驗——視、聽、嗅、觸覺上都可以與現實世界客體相混同的感官體驗，甚至能帶給人以全方位的臨境感，這恰恰是因為「元宇宙」與人們在現實世界的直接存在方式相聯繫、相一致。

另一方面，「元宇宙」中建構的「虛擬客體」乃是在來自真實客體的資訊材料基礎上的建構，是在現實世界的基礎上通過人的理性加工而成的。沒有現實客體的存在作為基礎，「虛擬客體」的建構是不可能實現的。人們藉助元宇宙模擬技術模擬和建構的「元宇宙」，對模擬主體而言，它是一個屬人的客體世界。

顯然，如果不與現實世界密切相關，「元宇宙」提供給人類主體的就只能是一個陌生的境界，深入其境的人就會像電腦遊戲的初玩者一樣茫然，陷入手足無措的尷尬狀態。

元宇宙的繁榮依賴於現實世界的發展

元宇宙是資訊技術發展到一定階段的成果。顯然，沒有諸如 5G、雲端計算、人工智慧、VR/AR 技術的發展和成熟，雲宇宙也不可能誕生，依然只能存在於科幻作品中。也就是説，「元宇宙」要想得到進一步的發展，仍需要依託於現實世界的發展，依賴於科學技術的不斷創新。技術的發展進程不僅會影響到「元宇宙」在實際應用中的各個方面，更會影響到「元宇宙」在其它新領域內的廣泛應用。

此外，現實世界的發展不僅為「元宇宙」的發展提供了手段，而且還是後者發展的最終歸宿。這是因為，在「元宇宙」中，人們以主體的身份與「虛擬客體」進行交互作用，這種交互作用所造成的「虛擬客體」的變化並不能與現實世界客體的變化相對等。「虛擬客體」的變化還只是對現實改造活動的類比演示，而並非真正的現實活動。

「元宇宙」要發揮真實的效用就需要人們充分吸取在「元宇宙」中所獲得的經驗，並且把這些經驗運用於對現實世界的改造。也就是説，現實世界的改造決不可能在「元宇宙」中完成。「元宇宙」最終效用的發揮必須回歸於現實世界之中，即對現實客體的改變必須由「虛擬」方式的改變轉換為現實方式的改變，這樣才能影響到現實世界。

因此，從根本上說，現實世界的發展決定「虛擬實境」的發展，而「元宇宙」的發展又最終服務於現實世界的發展，服務於人們更好地認識和改造現實世界。

▶ 雲宇宙將超越現實世界

雲宇宙中就是「數位化生存」。顯而易見，雲宇宙突破了現實世界的時空局限性，它能展現現實中不可能的可能，而這又是對現實世界的超越。

首先，在傳統的物理世界中，人的一切活動必然要受到社會實踐活動的制約，並隨著社會實踐的發展而發展。因而，人類的目的就是創造出符合人的要求的理想境界。可以說，虛擬實境技術就是人類這一追求在當代的表現。

在以往的社會中，個人往往被淹沒在集體之中。尤其是在工業文明出現後的資本主義社會裡，生產實踐標準化、模式化，生產的目的是盡可能地獲取高額利潤，個人的需要往往被忽略了。在這種情況下，個人一般只能作為被動的接受者，而很少有自主選擇的機會和權利。人的個性化特質往往遮蔽在社會的整體性之中，而數位化生存則為人類提供了一個個人自主性的空間。

在雲宇宙中，人們將不再受物理世界的控制和干擾，個體自由、主體獨立也變成事實上的可能。可以說，人的個性在雲宇宙中得到最大限度的張揚，人類的個性化特質在雲宇宙中獲得了最充分的展示。在「數位化」所營造的雲宇宙中，人人都是主人，人人都可以自由選擇，這充分體現了主體的自主性、獨立性。這對於人的自由全面發展，超越自然和社會對人的束縛，具有重要的解放意義。

雲宇宙為人類的自由提供了新的契機，人們可以從日常世俗的、為各種壓力所拘束的生存狀態中解放出來，某種程度上進入自由的生存狀態，擺脫權力、法律等現實世界的壓力，不再考慮年齡、種族、性別、身份等問題，而只是作為獨立的人存在。

在「虛擬空間」裡，人們甚至可以把自己設定成各種各樣的角色，選擇自己感興趣的生活，恣意地表達自己的想法、情緒，表現出想要表現出的那部分自己，將自己全部的人生積累都充分地釋放出來。正是在這種與世界的直接照面中，平時在有限的功利活動中被遮蔽、被懸置起來的人生意義問題才會真實地突現出來。主體調用全部的理智和情感去擁抱這種意義，獲得一個完整的世界。

在這個的世界裡，生命獲得了極大的自由，心靈得到了空前的解放，主體體驗到一種沉醉的快意。正是在這種意義上，雲宇宙的本質將超越技術而在達到藝術：雲宇宙不是去掌控、逃避、娛樂或者交流，它的終極承載，則是要改變和補救我們的現實感。

🔘 雲宇宙的發展促進現實世界的發展

馬克思的共產主義社會，是對人類社會發展終極形態的美好預言。

共產主義社會是一種高級的社會主義。本質依然是以人為本，宗旨是各方面都建設成非常和諧的社會。同時，也是社

會主義發展到最科學和諧階段的社會，是一個人人有尊嚴、公平、正義、和諧，人對美好生活的合理需要不斷得到滿足和提高、消除資本主義種種社會弊病和異化現象、責權利全面開放合作共用的社會。

馬克思預言，「在共產主義社會裡，任何人都沒有特殊的活動範圍，而是都可以在任何部門內發展，社會調節著整個生產，因而使我有可能隨自己的興趣今天做這事，明天做那事，上午打獵，下午捕魚，傍晚從事畜牧，晚飯後從事批判，這樣就不會使我老是一個獵人、漁夫、牧人或批判者。」在共產主義社會裡，每個人的自由發展是一切人的自由發展的條件。

但事實上，這種理想的自由更多地屬於精神和邏輯上的自由，因為需要相應的物質和技術基礎才能把它真正地落實到現實生活中。由於現實條件的限制，在當代社會我們不可能隨著自己的心願體驗到各種各樣不同的生活經歷。我們的學習、工作和生活往往局限於一定的範圍之內，遵循著固定的模式，形式上單一，沒有馬克思所預言地那麼豐富。

然而，「虛擬實境」的產生，恰恰為人們提供了這樣一個可能。人們不需要固定化為一個獵人、漁夫或牧人，只要通過沉浸到設置好的雲宇宙場景中，就可以體驗到獵人追蹤獵物的緊張刺激、漁夫垂釣的悠然自得、牧人放牧塞外的「風吹草低現牛羊」，這在很多最新的電腦遊戲中已經得到實現。

雖然雲宇宙不是現實的場景，但是它給人帶來的主觀體驗卻是真實有效、相當震撼的。當前，隨著虛擬實境技術的不斷發展，「虛擬」與網路通訊已經逐步、並將進一步有效地結合起來。眾所周知，在網路空間中，人們可以摒除身份、地位、膚色、血緣、地域、民族的種種差異進行交往和溝通，網路通訊極大地拓寬了人們的交往空間，加大了人們交往的頻率。

傳統的網路通訊局限於電腦螢幕，與現實生活中面對面的交往相距甚遠，而當虛擬實境技術與網路通訊相結合，便產生了新的交往方式。不同地域、不同膚色、不同血緣的人可以同時沉浸入同一個虛擬場景中，在虛擬場景中的交流可以媲美真實交往給人的全方位真切感。這類即時性的交流有可能為不同文化階層的人交流思想以及彙集它們的集體智慧提供無窮的機遇。

通過虛擬實境技術同時進入虛擬場景中召開會議，這種交往方式有效地提高了人們的交往效率。通過「虛擬交往」，人們的社會關係必然可以得到更寬泛更有效的發展。與此同時，作為一切社會關係總和的人本身也必將得到更好的發展。

雲宇宙對發展現實世界的促進作用還呈現在虛擬實境技術在人類生活中的應用。未來，雲宇宙還將被逐步應用於軍事、醫療、休閒娛樂等社會領域。在醫學領域，它可用於各種醫學模擬，包括可以為醫學院的學生提供人體解剖模擬，學生們可以藉助虛擬場景提供的虛擬病人學習解剖、做手術；在軍事領域，它可以為指揮官們提供軍事演習的場景，為飛行

員提供模擬飛行訓練；在城市規劃中，虛擬技術可以應用於城市規劃和城市模擬：人們可以將各種規劃方案定位於虛擬環境中，考慮這些規劃方案對現實生態環境的影響並對種種方案進行評價。用戶也可在虛擬環境中感受空間設計的合理性，從而避免實際建造中消耗鉅資和大量時間。

隨著時代的發展，雲宇宙還將展示出更廣闊的發展前景，更加顯著地促進社會的發展，有效地促進了人的全面發展，真正實現馬克思所預言的美好的共產主義社會。

A
Appendix

寫在最後的思考

元宇宙毫無疑問是未來必然到來的時代，這是人類當下多種技術發展疊加後必然出現的一種新業態。對於未來，我們無需懷疑。站在當下，無論元宇宙是元年還是資本投資熱潮，我們都需要冷靜。正如 10 多年前的物聯網熱潮，5 年前的智慧穿戴熱潮，趨勢產業描繪出的未來輪廓並不表示它將會以很快的速度到來並成熟。相反的，它需要時間培育。元宇宙更是如此，因為它不是單項技術突破與成熟的結果，而是多項技術疊加催生的結果。

如果要我做一個判斷，元宇宙真正的到來將會在 2040 年之後。因此，對於頭部企業而言，我們需要重視並成立專門的部門研究、關注、投資、培育這一賽道的相關產業技術，因為它是必然到來的未來。

對於一般創業者而言，我們需要盡可能集中優勢資源切入產業鏈中的一小塊，持之以恆地培育、反覆運算。伴隨著產業鏈的成長與成熟，等待著元宇宙時代到來的那一天能在產業鏈中佔據一席之地。

最後，當你看完此書之後，如果對元宇宙還沒有獲得一個清晰的認知，那麼請記下我對元宇宙的這句定義：

所謂的元宇宙就是在多種科技技術的推動下的產物，所產生的是一個虛擬、現實混同的世界，個體與物理世界都將基於技術而變得無處不在與觸手可及。使用元，是表示一種新的紀元，一種未知邊界的事物；使用宇宙這個概念，是為了表達這個即將到來的虛擬實境混同世界的廣大。因為將虛擬與

現實兩個世界進行疊加，在疊加之後所產生的邊界我們目前不得而知，因此我們稱之為元宇宙。

那麼既然是多種技術疊加下的產物，那麼所涉及的整個產業鏈技術的任何一個環節的滯後發展都將會給元宇宙的爆發帶來影響與制約。但元宇宙又是一個必然要到來的時代，因為技術在不斷的向前發展。

元宇宙時代真正來臨的那一天，我們當下的生活方式、商業方式，以及社會監管、治理方式，包括倫理、價值體系都將被重塑，在元宇宙的時代我們的軀體還沒有辦法達到「永生」，但我們的思想將會伴隨著人工智慧的混同而被延續。在這樣一個時代，一切都將被重新定義，而我們要做的是以更開放的心態迎接更大變革的到來。

NOTE

B

Appendix

參考文獻

[1]　華為 . AR 洞察與應用實踐白皮書 [M].

[2]　國盛證券 . VR 行業研究：VR 風雲再起，應用多點開花 [M].

[3]　中興通訊 . 5G 雲 XR 應用白皮書 2019[M].

[4]　胡小安 . 虛擬技術若干哲學問題研究 [D]. 武漢大學 ,2006.

[5]　趙陽陽 . 網路遊戲開發的倫理審視 [D]. 南華大學 ,2013.

[6]　清華大學新媒體研究中心 . 2021 元宇宙發展研究報告 [M].

[7]　天風證券 .Metaverse 元宇宙深度研究報告：創造獨立於現實世界的虛擬數字第二世界 [M].

[8]　東方證券 . 區塊鏈專題報告：NFT，使用者生態新元素，元宇宙潛在的經濟載體 [M].

[9]　華泰研究 . 娛樂傳媒行業 2030 展望：全面迎接虛實結合的數位化生活 [M].

[10]　中信證券 . 元宇宙 177 頁深度報告：人類的數位化生存，進入雛形探索期 [M].

[11]　國盛證券 . 元宇宙及區塊鏈產業協同深度研究：元宇宙，網際網路的下一站 [M].

[12]　華安證券 . 元宇宙深度研究報告：元宇宙是網際網路的終極形態？ [M].

[13]　華西證券 . 元宇宙行業深度研究報告：下一個「生態級」科技主線 [M].

[14]　中信建投證券 . 元宇宙專題報告：始於遊戲，不止於遊戲 [M].

[15] 中信證券 . 元宇宙專題研究報告：從體驗出發，打破虛擬和現實的邊界 [M].

[16] 國信證券 . 經濟研究所 . 元宇宙專題研究報告：網路空間新紀元 [M].

[17] 國盛證券 . 區塊鏈行業之元宇宙：算力重構，通向 Metaverse 的階梯

[18] 中信證券 .RBLX 投資價值分析報告：Roblox_ 全球領先的多人遊戲創作與社交平台 [M].

[19] 天風證券 .Roblox 專題研究報告：Metaverse 第一股，元宇宙引領者 [M].

NOTE

民眾日報從1950年代開始發行紙本報，隨科技的進步，逐漸轉型為網路媒體。2020年更自行研發「眾聲大數據」人工智慧系統，為廣大投資人提供有別於傳統財經新聞的聲量資訊。為提供讀者更友善的使用流覽體驗，2021年9月全新官網上線，也將導入更多具互動性的資訊內容。

為服務廣大的讀者，新聞同步聯播於YAHOO新聞網、LINE TODAY、PCHOME 新聞網、HINET新聞網、品觀點等平台。

民眾網關注台灣民眾關心的大小事，從民眾的角度出發，報導民眾關心的事。反映國政輿情，聚焦財經熱點，堅持與網路上的鄉民，與馬路上的市民站在一起。

歡迎訪問民眾網：https://www.mypeoplevol.com/

DrMaster

深度學習資訊新領域

http://www.drmaster.com.tw

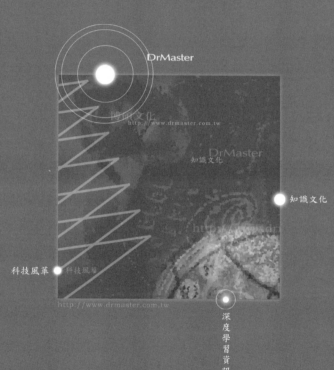

博碩文化

DrMaster

博碩文化
http://www.drmaster.com.tw

DrMaster
知識文化

知識文化

科技風華

http://www.drmaster.com.tw

深度學習資訊新領域